新疆绿洲棉田杂草
识别及防除技术

马小艳　马　艳　任相亮　主编

中国农业科学技术出版社

图书在版编目（CIP）数据

新疆绿洲棉田杂草识别及防除技术 / 马小艳，马艳，任相亮主编. — 北京：中国农业科学技术出版社，2021.1

ISBN 978-7-5116-5163-1

Ⅰ.①新… Ⅱ.①马… ②马… ③任… Ⅲ.①棉田—杂草—识别 ②棉田—除草 Ⅳ.①S451

中国版本图书馆CIP数据核字（2021）第026065号

责任编辑　周丽丽
责任校对　马广洋
责任印制　姜义伟　王思文

出 版 者　中国农业科学技术出版社
　　　　　北京市中关村南大街 12 号　邮编：100081
电　　话　（010）82109194（编辑室）（010）82109702（发行部）
　　　　　（010）82109709（读者服务部）
传　　真　（010）82109194
网　　址　http://www.castp.cn
发　　行　各地新华书店
印 刷 者　北京地大天成文化发展有限公司
开　　本　787 mm×1 092 mm　1/16
印　　张　7.25
字　　数　170 千字
版　　次　2021 年 1 月第 1 版　2021 年 1 月第 1 次印刷
定　　价　88.00 元

前言

　　新疆棉花在我国棉花生产中占主导地位，对国际棉花市场的影响举足轻重。据国家统计局数据显示，2020年新疆棉花总产516.1万t，占全国的87.3%，占全球约20%。"世界棉花看中国，中国棉花看新疆"的格局已经形成。当前，新疆植棉收益占农民总收入的1/3以上，占民族集中产区棉农收入的80%左右，棉花产业关乎新疆稳定与发展！

　　棉田杂草一直是新疆棉花生产的主要问题，尤其是近年来，随着耕作制度的变革，新疆棉田杂草的发生种类、群落演替、危害程度等均发生了很大的变化。加之棉农普遍缺乏对除草剂的正确认识，盲目施药和随意加大药量等问题突出，导致了棉田除草剂药害或防除效果不佳等诸多问题。为此，编者组织植物保护学、农药学、生态学等方面的专家及专业技术人员，编写了《新疆绿洲棉田杂草识别及防除技术》一书，书中系统介绍了新疆棉花生产中常见的杂草70种，配有原色图谱300余张，对其形态特征、危害特点、发生规律进行了详细讲解。同时，针对新疆棉花生产特点及杂草发生危害规律，介绍了以化学防除为主的棉田杂草综合防除技术以及除草剂安全使用技术，以满足广大棉农的实际生产需要，并希望对新疆棉花的安全生产做出应有贡献。

　　本书编纂过程中，得到了中国农业科学院棉花研究所、塔里木大学等有关单位的大力支持和帮助，在此表示深深的感谢。本书由中国农业科学院科技创新工程、国家自然科学基金项目（31660525）等资助出版。

　　由于编者水平所限，书中难免有不当之处，敬请各位专家、同仁和广大读者批评指正。

编委会

2021年1月

目录

第一章

新疆棉田杂草概况

一、杂草基本知识

（一）杂草的概念

杂草是一类特殊的植物，伴随着人类的农业生产活动而产生，是长期适应于农田气候、环境、耕作栽培制度的结果。没有人类的生产，就不存在农田杂草。因此，杂草的概念都是以植物与人类活动或愿望的关系为根据的。广义上说杂草就是生长在不需要它的地方的任何植物，换句话说，杂草是长错地方的植物或者人们不想要的植物。如果将杂草本身的特征融入到杂草的概念中，那么，狭义上说杂草是能够长期自生自长在人为环境中的任何非有目的栽培的草本植物。这就意味着某些植物在人工栽培时属于农作物或经济作物，而在非人工栽培时属于杂草，如马齿苋、蒲公英、荠菜等都属于人们喜爱的野菜或中药材，但如果这些植物生长在棉田里，就变成了杂草；优质饲用牧草多花黑麦草若生长在麦田里，也就变成了杂草，由于其对农作物生长会造成负面影响，属于被清理对象。

（二）棉田杂草的危害

我国棉田遭受杂草危害十分严重，每年危害面积约占棉花种植总面积的67%，杂草的危害主要表现在与棉花争地、争水、争肥、争空间，影响棉花的正常生长，降低棉花的产量与品质，妨碍农事操作，滋生病虫害等。据统计，我国棉田杂草种类繁多、分布甚广，常年造成严重危害的共有25科60种，每年因杂草危害导致皮棉减产约25.5万t，平均减产15%，严重地块可达50%。棉田杂草危害已成为制约我国棉花高效生产和可持续发展的主要因素之一。

1. 杂草与棉花间的资源竞争

棉田杂草多数为C_4植物，而棉花为C_3植物。与C_3植物相比，C_4植物能够更加充分地利用光能、CO_2和水进行有机物的生产，因此杂草比棉花表现出更强的竞争能力。据湖南省农业科学院测定，在同等条件下，棉花与杂草等干重物质内，杂草含N、P、K分别为3.3%、0.4%、4.3%，而棉花分别为2.1%、0.3%、3.6%，杂草吸收的养分多于棉花。田旋花、葎草等缠绕性杂草可部分或全部覆盖于棉花上，造成棉花缺少光照，影响光合作用。同时，杂草根系十分发达，吸收养分和水分的速度快、能力强，在与作物竞争水肥的过程中处于优势地位，常导致棉花营养元素的严重缺乏。

2. 降低棉花产量和品质

杂草与棉花竞争的最终结果是降低棉花产量，这也正是棉农最关心的问题。与棉花的营养生长相比，棉花产量对杂草的竞争作用更加敏感，杂草对棉花产量的危害程度与多种因素有关，包括杂草的种类、密度以及棉花与杂草共生时间长短和共生的不同生育阶段等。据世界各地就杂草竞争对棉花生长和产量的影响等多方面研究的统计表明，棉花早期受杂草竞争危害的损失可高达 75%。棉花蕾期，杂草丛生，棉田通风透光条件差，田间相对湿度较高，导致蕾铃大量脱落。据美国农业部统计，农业生产中，病害、虫害、杂草造成的损失占比分别是 27%、28%、42%，杂草造成的损失远远高于病害、虫害所造成的损失。同时，杂草的存在往往造成杂质混入或皮棉染色，降低棉花品质。例如，在棉花收获时，多数一年生和多年生杂草仍然保持绿色，机采过程中叶片和茎被压碎后释放出的叶绿素极易将纤维染成绿色，龙葵浆果破碎后浆汁会污染棉纤维，从而导致棉花品质的降低。

3. 传播病虫害

杂草的发生不仅直接影响棉花生长，同时也为许多棉花病虫害提供栖息环境，加重了病虫害的发生与传播，使棉花生产遭受损失。比如小地老虎早春迁飞后，先在田旋花、野油菜、刺儿菜和野豌豆等杂草上产卵孵化，幼虫取食到二、三龄时，转而为害小麦和棉花；棉蚜先在多年生的刺儿菜、苦苣菜及越年生的荠菜、夏至草等杂草上寄生越冬，当棉花出苗后再迁移到棉苗上为害；小藜和苣荬菜是地老虎的越冬场所等。据统计，马唐、狗尾草、双穗雀稗、鳢肠、铁苋菜、反枝苋、龙葵、车前、香附子等 15 种杂草，可作为转主寄主传播 26 种病虫害。

4. 增加棉花生产成本

新疆棉田地膜覆盖不宜采用中耕等机械除草，后期杂草防除多靠人工。棉花从出苗到封行前一般要进行除草 4～5 次，主要集中在每年的 5 月中下旬至 7 月中下旬。此时，田间温湿度条件比较适宜杂草生长，杂草发生越重，花费在防除上的用工量就越多。随着农业机械化程度的提高和高效安全除草剂的使用，棉田杂草防除的劳动强度有所下降，但每年除草剂的生产量和使用量仍相当惊人，这无疑增加了棉花的生产成本。

5. 对棉花收获的影响

杂草尤其是高密度杂草不但可以通过与棉花的竞争来降低棉花产量，而且可以通过干扰收获设备降低收获效率，从而进一步造成棉花产量的损失。相比于机械收获，杂草对人工采摘所带来的产量损失较小。同时，曼陀罗、苍耳等一些杂草的种荚带刺，极易黏附纤维，在影响棉花收获的同时，也减少了棉花的有效产量。

（三）杂草危害的特点

与棉田病虫害相比，杂草危害具有如下特点。

1. 隐蔽性

杂草对棉花生长及产量等的危害不像枯黄萎病、棉蚜、棉叶螨等病虫为害那么直观，杂草危害发生较隐蔽而缓慢，持续时间长，危害初期不易引起棉农的重视，往往错过最佳防除时期。同时，由于新疆棉花种植多采取地膜覆盖，一旦杂草穿透地膜或由棉株附近膜孔长出时，甚至长至较大草龄时，才会引起棉农的重视，但此时的防除难度已大大增加。

2. 防治难

由于除草剂所作用的靶标杂草与作物都是植物，生理机能类似，因此除草剂比杀虫剂和杀菌剂更易对作物造成药害，其田间使用技术要求更高。然而，新疆棉区分布范围广，南疆、北疆及东疆不同植棉区杂草的种类和消长规律存在一定的差异，目前尚未制定出系统完整的棉田除草剂安全使用技术规程。同时，杂草多混合发生，尤其是新疆棉田多年生杂草发生严重，单一除草剂很难一次性解决所有的杂草问题，防除难度较大。

3. 药害重

目前市场上除草剂种类繁多，其特性和用途千差万别，农民对日益增多的除草剂性能和使用方法不甚了解，再加上农民的施药技术手段落后，导致生产中因选错除草剂品种、使用剂量过高、盲目混用农药、施用时期和方法不当、长残留除草剂大量应用、随意使用喷雾器及喷雾器清洗不干净等，对作物造成药害的事件频繁发生，轻者减产，重者绝收，已严重影响了新疆棉花生产。虽然国内已经开展了常用除草剂的药害及预防技术研究，但仍处于基础理论研究和室内及田间试验阶段，目前尚未进入实际生产应用阶段。对农民的技术培训和指导也相对较少，且多集中在粮食作物的研究上，针对棉田除草剂药害的研究少见报道。

二、棉田杂草消长规律

（一）新疆棉田杂草群落结构

农田杂草在一定环境因素的综合影响下，形成了不同杂草种群的有机组合。这种在特定环境条件下重复出现的杂草种群组合，就是杂草群落。

新疆维吾尔自治区（以下简称新疆）地处 $73°40'E \sim 96°18'E$，$34°25'N \sim 48°10'N$，纬度跨度 $14°$，东西跨越 1 630 km，南北跨越 1 115 km，海拔落差 1 500 m，属于典型的温带大陆性气候。新疆全区"三山夹两盆"的地形特征，因而土壤—生物—气候条件及农业生产均存在地带性现象，不仅有强烈的水平（纬度和经度）地带性的差异，而且在垂直方向上也有极其明显的差异。新疆光热资源丰富，日照时间充足，无霜期较长，尤其是南疆，有利于棉花等喜光农作物的生长、发育。新疆气候干旱，降水稀少，南疆尤为显著，因此形成了灌溉农业的特点。北疆因受北冰洋和大西洋湿润气流的影响，年降水量较南疆多。除南北疆差异外，也存在西部降水多而东部降水少的趋势。再者，由于新疆气候干旱，降水量极少，加之蒸发量较大，导致新疆土壤具有强烈的积盐效应，且存在地区性积盐的差异。

由于独特的大陆干旱荒漠气候、三山夹两盆的地貌和各植棉绿洲的小气候差异等因素，导致不同植棉区域田间杂草发生种类存在较大的差异。塔里木大学植物科学学院的调查表明，新疆南部棉区共有杂草 16 科 42 种，其中禾本科、莎草科、阔叶杂草分别占 16.7%、2.4%、80.9%。杂草群落的组成一般为以稗草＋灰绿藜＋扁秆藨草为主的组合，以稗草＋芦苇＋扁秆藨草为主的组合，以灰绿藜＋田旋花＋稗草为主的组合。博州地区棉田杂草以禾本科稗草、狗尾草及阔叶杂草灰绿藜、苘麻、龙葵等为主。阿克苏地区阿瓦提县膜下滴灌棉田杂草种类有 9 科 15 种，以禾本科、藜科和菊科为主，即禾本科 21%、藜科 28%、菊科 13%、旋花科 11%、其他 27%，其中一年生杂草占杂草总数的 90%，多年生杂草占 10%。石河子大学的调查发现，石河子垦区膜下滴灌棉田杂草种类主要有 12 科 30 种，其中以旋花科、藜科、茄科等阔叶杂草为主，相对多度达 43% 以上的杂草有稗草、龙葵，发生频率达到 90% 以上的有田旋花、狗尾草、稗草，平均密度高于 1 株 /m² 的有龙葵、马齿苋、稗草。昌吉州棉田常见杂草有 15 科 38 种，一年生杂草占 55.3% ～ 63.2%，多年生杂草占 36.8% ～ 44.7%，其中，禾本科杂草 7 种，以马唐、稗草、芦苇、狗尾草为主，占 18.4% ；阔叶杂草 30 种，以田旋花、反枝苋、马齿苋、苘麻、龙葵、苍耳、刺儿菜、地肤等为主，占 78.9% ；莎草科 1 种，占 2.6%。龙葵、田旋花、稗草、藜科杂草等是棉田杂草的优势种群，龙葵、田旋花、扁秆藨草已成为棉田中难以清除的恶性杂草，其中，龙葵田间频率高达 80% ～ 95%，密度一般为 5 ～ 20 株 /m²，田旋花田间频率高达 70% ～ 85%，发生密度一般为 5 ～ 10 株 /m²。

（二）棉田杂草消长规律

新疆棉田普遍采用地膜覆盖，在地膜覆盖条件下，由于地膜的密闭增温保墒作用，使膜内耕作层的墒情好、温度较高而且变化小，非常有利于棉苗的生长，也有利于杂草的萌发出土，因而导致杂草出苗早、发生期长。一般在土壤墒情正常情况下，播种覆膜后 5 ～ 7 天杂草开始出苗，在 15 天左右杂草达到第一个出苗高峰。即便土壤墒情较差，只要棉花能正常出苗，杂草在盖膜后的 25 天内也会达到出苗高峰，一直持续到 5 月下旬，其间出土杂草占棉花全生育期杂草总数的 55% 左右；6 月下旬浇灌过头水后，土壤湿度适宜，在 7 月上旬至 8 月上旬出现第二个出草高峰，杂草出土数量约占总量的 30%。一般情况下，这些杂草具有很高的生长速率，尤其是在一些棉花密度较低的田块里，并可以很快开花结籽，成为翌年杂草的来源。杂草的出苗与发生危害与灌溉及降水密切相关，一般杂草出土高峰多发生在灌水后或降水后，因而，不同地区杂草萌发高峰出现的时期和杂草萌发数量存在一定的差异。

对新疆南部棉区的调查表明，危害棉花蕾期的杂草主要有禾本科的稗草、芦苇、马唐、狗尾草，以及菊科、十字花科、莎草科、苋科、藜科的十余种杂草。这些杂草出苗早且集中，与棉苗争夺空间和水肥，棉花受害后形成"高脚苗"而推迟发育进程。而在花铃期，旋花科的田旋花对棉田造成严重的危害，该草再生能力极强，缠绕在棉株上，严重时可使棉株缠连郁闭，影响棉花产量和品质，并给棉花采摘带来困难，成为棉田的主要恶性杂草。

（三）杂草群落的演替

杂草群落的形成、结构、组成、分布受环境因子的制约和影响，研究其内在关系，是杂草群落生态的主要内容，也为杂草的综合防除技术提供理论依据。在自然界，植物群落演替是非常缓慢的过程，但是由于农业耕作活动频繁，农田杂草群落的演替较为迅速。

1. 除草剂的应用

不同除草剂由于作用方式不同，其杀草谱存在较大差别，例如，氟乐灵仅对一年生禾本科杂草和部分小粒种子的阔叶杂草有效；生长调节类除草剂（2,4-D）选择性地杀灭阔叶杂草。因此，长期在同一地区重复使用一种或少数几种除草剂，致使一些非靶标杂草上升为新的优势杂草种群，导致棉田原有杂草群落结构发生改变。研究表明，随着氟乐灵、地乐胺等除草剂在棉田的连年使用，马唐、牛筋草等禾本科杂草得到了有效的控制，但是阔叶杂草婆婆纳、反枝苋成为新的严重为害棉田的杂草群落；棉田常年使用乙草胺、喹禾灵等防除单子叶杂草，使得杂草群落中单子叶杂草的种群优势度降低，而双子叶杂草种群优势度明显上升。棉田杂草群落改变和群落演替加速，导致难治杂草种类增多，杂草危害加剧，防治难度加大。

2. 水旱轮作

水旱轮作对土壤的性质、水分含量等生态因子产生较大的影响，因而对棉田杂草的发生及消长影响最大。水田回旱初期的棉田，因为农田的湿度比较大，底墒足，扁秆藨草和稗草等喜湿性杂草发生较重；之后随着棉花种植年数的增加，这些喜湿性杂草开始逐渐减少，而旱生性杂草优势度逐渐增加，杂草群落的结构逐渐趋于复杂化。而旱连作棉田多为旱生性杂草，年际间杂草群落变化较小。

3. 地膜覆盖

对于地膜覆盖棉田来说，由于覆膜后膜内耕作层的土温高、底墒好，有利于杂草的萌发，因而导致杂草出苗早、发生期长，并且禾本科和阔叶杂草发生的优势度存在明显的时间差异。但是地膜覆盖能显著减少棉田杂草总的发生量，并且对棉田杂草鲜重的抑制效果明显高于对杂草数量的抑制效果。

膜下滴灌栽培技术在新疆近 30 年的使用，导致土壤残膜污染成为制约新疆棉花产业可持续发展的瓶颈。2017 年，中国农业科学院棉花研究所喻树迅院士团队成功培育出适合于南疆无膜直播的特早熟棉花新品种"中棉 619"，并在阿克苏地区规模化示范应用，取得了良好的效果。无膜棉的成功培育，为彻底解决新疆残膜污染问题提供了可行的途径和关键技术支撑。然而，经调研发现，棉花种植由覆膜栽培转变为无膜栽培模式，在原有的杂草防除技术体系下，田间杂草危害规律发生改变，且表现出杂草多样性和种群数量的增加。

4. 土壤性质

除了耕作制度、种植方式、施用的除草剂种类等多种因素的影响外，棉田杂草的种类和数量也随土壤含盐量、肥力等的变化而变化。例如，当棉田土壤的含盐量为 0.04% ～ 0.05% 时，旱稗为优势种；含盐量为 0.1% 时，狗尾草的数量上升；含盐量大于 0.3% 时，藜科杂草为优势种。土壤氮含量高时，马齿苋、刺苋和藜等喜氮杂草生长茂盛；土壤缺磷时，反枝苋在杂草群落中消失。

三、新疆棉田杂草发生特点

与长江流域和黄河流域棉区相比，新疆棉区昼夜温差大，光照充足，降水量少，土壤盐渍化严重，这些环境条件导致新疆棉田杂草以抗逆性更强的多年生杂草及耐旱耐盐的杂草居多。

（一）多年生杂草居多

营养繁殖能力极强是多年生杂草的重要特点，且很多多年生杂草除了以营养器官进行无性繁殖，也可以进行种子繁殖。例如，新疆棉田恶性杂草田旋花，是旋花科、旋花属多年生草本植物，由于其具有耐瘠薄、耐旱、耐盐碱的特性，非常适应极端干旱气候、土壤盐渍化及土地贫瘠的生存环境，且其具有强大的繁殖和再生能力，因此成为世界十大恶性杂草之一。在我国新疆棉区广泛分布，常形成单优势群落，严重危害棉田生态系统。田旋花可同时通过地下根系和种子进行繁殖，且营养繁殖是田旋花在小范围内（如某一田块）持续为害的主要方式，而种子繁殖是其扩散危害的主要方式。田旋花的地下根系十分发达，分为深入地下的垂直根和位于浅表土层的水平侧根，侧根上的内生芽可形成根状茎，垂直根最深可达地下 7 m，而绝大多数侧根和根状茎位于 30 cm 的土层中，50%～70% 的根系位于 60 cm 的土层中。田旋花主要以地下根和根状茎进行繁殖，4.3 m 以上土层中的根和根状茎均可以产生不定芽，进而形成新的根和芽。田旋花根系的繁殖和再生能力极强，生长迅速，被切割成大于 5 cm 的根段或根状茎均能产生新植株；离母体 38～76 cm 的侧根可产生新的垂直根，并产生新植株，因此，田旋花可利用其根系的繁殖特性快速蔓延，一个生长季节内单个植株可扩散约 3 m 的距离，根系可扩散达 25 m^2。田旋花单株结种子 25～550 粒，田旋花的自交不亲和性及通过种间杂交获得的杂种优势，使得其具有较高的表型变异，这也是田旋花对环境适应性较强的原因之一。田旋花种子可通过动物取食、水流、与作物混收等方式传播。此外，新疆棉田恶性杂草扁秆藨草、芦苇、乳苣，以及常见杂草戟叶鹅绒藤、狗牙根等均为多年生杂草。

（二）耐盐杂草居多

根据 1975—1985 年全国第一次土壤普查资料显示，新疆盐渍化耕地面积居全国之首，其盐碱耕地占耕地总面积的 30.9%，是中国盐碱土分布面积最广、种类最多样、积盐最严重、改良最困难的典型盐渍区。根据 1985—1990 年新疆第二次土壤普查资料，新疆盐碱耕地面积 1.27×10^6 hm^2，南、北疆盐碱耕地面积分别占其耕地总面积的 47.0% 和 21.6%，盐碱耕地面积年增长幅度达到 2×10^4 hm^2。另据中国科学院新疆生态与地理研究所调查资料显示，2014 年新疆盐渍化耕地面积所占比重为 37.7%，年增长率达到 0.26%。耕地的盐渍化使得农田杂草中耐盐碱杂草发生较重，如藜科杂草灰绿藜、藜、小藜、碱蓬、猪毛菜、刺沙蓬等，均是新疆棉田恶性杂草或常见杂草，其体内的抗氧化剂和渗透调节物质能有效应对植株受到的盐胁迫。

（三）耐旱杂草居多

新疆气候干旱，降水稀少，南疆尤为显著，因此形成了绿洲灌溉农业的特点。北疆因受北冰洋和大西洋湿润气流的影响，年降水量较南疆为多，北疆农业生产区年降水量大多在 150～200 mm，南疆多不足 100 mm，东疆则多在 50 mm 以下。此外，南疆较强的年蒸发量加剧了南疆极端干旱的情况。南疆年蒸发量一般为 2 000～3 000 mm，而北疆各地多在 1 600～2 200 mm，哈密等地则可达到 3 100 mm 以上。因此，水资源紧缺成为新疆棉花生产可持续发展的主要限制因素之一，全疆中度和重度缺水棉田面积占总面积的 60% 左右，其中 20% 以上的棉田因不能及时灌溉而造成显著减产，年均因缺水造成的产量损失在 50 万 t

皮棉以上。极端干旱的气候条件导致了缺水棉田以耐旱杂草居多，如骆驼刺、蓼子朴、花花柴等，对干旱和高温均具有极强的耐受能力。

（四）区域恶性杂草危害重

龙葵具有生育期短、繁殖力强、生命力旺盛、多实性和落粒性等特点，新疆棉区长期使用氟乐灵作为棉田土壤封闭处理剂以及地膜覆盖，使得龙葵等阔叶杂草上升为天山北坡滴灌棉田和阿拉尔垦区棉田的恶性杂草。多年生草本扁秆藨草为喜湿性杂草，南疆阿克苏地区稻棉轮作棉田发生较重。新开垦耕地芦苇、田旋花等多年生杂草危害较重，常常需要多年的耕作及化学防治才能降低其危害。

第二章

新疆棉田杂草的种类

一、杂草的分类

（一）按营养方式分类

1. 异养型杂草

杂草已部分或全部失去以光合作用进行自我合成有机养料的能力，而是以其他植物为寄主营寄生或半寄生的生活，如新疆棉田偶见的菟丝子，以及向日葵田、瓜田、番茄田常见的列当。

2. 自养型杂草

杂草可进行光合作用，合成自身生命活动所需的养料，这是新疆棉田绝大多数杂草的营养方式。

（二）按生活史分类

1. 一年生杂草

以种子进行繁殖，从种子发芽、生长，到开花、结籽，在一年内完成其生活史。新疆棉田常见一年生杂草有稗草、狗尾草、画眉草、灰绿藜、藜、小藜、反枝苋、马齿苋等。

2. 两年生杂草

也称越年生杂草，生活史在跨年度中完成，第一年秋季杂草萌发生长产生莲座叶丛，耐寒能力强，第二年抽茎、开花、结籽、死亡。新疆棉田可见的越年生杂草有荠菜、播娘蒿等。

3. 多年生杂草

杂草寿命在两年以上，主要通过地下根茎繁殖，也可以通过种子繁殖。新疆棉田常见多年生杂草有芦苇、田旋花、乳苣、刺儿菜、戟叶鹅绒藤等。

（三）按形态分类

1. 禾本科杂草

单子叶草本植物，叶片狭长，长宽比例大，平行叶脉，叶鞘包围茎秆，茎圆或略扁，茎秆有明显节和节间的区别，茎的生长点位于节间，且有叶鞘包被，为典型的居间生长植物，节间常中空；常于基部分枝，称为分蘖；根为须根，无明显主根。新疆棉田常见禾本科杂草有稗草、芦苇、狗尾草、画眉草等。

2. 阔叶杂草

包括全部双子叶杂草和部分单子叶杂草。多数阔叶杂草叶片比较宽阔，长宽比例比较小，但也有些阔叶杂草叶片并不宽阔，如藜科的猪毛菜、碱蓬等。新疆棉田常见阔叶杂草有灰绿藜、藜、小藜、反枝苋、马齿苋、田旋花、龙葵、乳苣、刺儿菜、戟叶鹅绒藤等。

3.莎草科杂草

单子叶草本植物，多数为多年生杂草，营养繁殖器官多为根茎，少数为块茎或球茎。叶片狭长，长宽比例大，平行叶脉；叶鞘闭合；茎三棱形或扁三棱形，多数为实心，个别为圆柱形，空心。新疆棉田常见莎草科杂草有扁秆藨草等。

（四）按危害程度分类

1.恶性杂草

发生范围广泛、群体数量巨大、防除相对困难、对作物生产造成严重损失，灰绿藜、芦苇、田旋花、扁秆藨草等为新疆棉田常见的恶性杂草。

2.地域性恶性杂草

杂草种群数量较大，但仅在部分地区发生或仅在一类或少数几种作物上发生，不易防治，对该地区或该类作物造成严重危害的杂草，如龙葵是北疆局部植棉地区的主要杂草。

3.常见杂草

指危害范围较广泛、可对作物构成一定危害，但群体数量不大，如新疆棉田常见的碱蓬、骆驼刺、戟叶鹅绒藤等杂草。

4.一般性杂草

指一般不对农作物造成危害或危害较小，分布和发生范围较窄的杂草，如北疆少数棉田可见的曼陀罗、苘麻等杂草。

二、新疆棉田常见杂草种类

新疆棉田经常发生造成危害的杂草主要有19科70余种，其中发生量大、适应性强、危害较大、而又难以防除的杂草包括：禾本科杂草芦苇、稗草、狗尾草等，阔叶杂草灰绿藜、藜、小藜、反枝苋、龙葵、乳苣、田旋花等，以及莎草科杂草扁秆藨草等。

（一）禾本科杂草

1.芦苇 *Phragmites australis* (Cav.) Trin. ex Steud.

英文名　Common reed

俗　名　苇、芦、芦芽

形态特征　秆直立，成株株高 100～300 cm，直径 1～4 cm，具 20 多节。叶鞘无毛或具细毛；叶舌短，边缘密生一圈长约 1 mm 的短纤毛；叶片披针状线形，长约 30 cm，宽约 2 cm，无毛，顶端长渐尖成丝形。圆锥花序大型，着生稠密下垂的小穗；小穗通常含 3～5 朵花；颖具 3 脉，第一颖长 3～7 mm；第二颖长 5～11 mm；第一不孕外稃雄性，长约 12 mm，第二外稃长约 11 mm，具 3 脉，顶端长渐尖，基盘延长，两侧密生等长于外稃的丝状柔毛，与无毛的小穗轴相连接处具明显关节，成熟后易自关节上脱落；内稃长约 3 mm，两脊粗糙；雄蕊 3 枚，花药长 1.5～2 mm，黄色；颖果长约 1.5 mm。

生态特征　多年水生或湿生的高大禾草，具粗壮匍匐的根状茎，种子及根状茎繁殖，花果期 7—11 月。

分布与危害　在我国广泛分布，其在新疆棉田危害较重，尤其是新开垦棉田或临近沟渠边田块。棉田苗期芦苇常顶破地膜，造成危害。

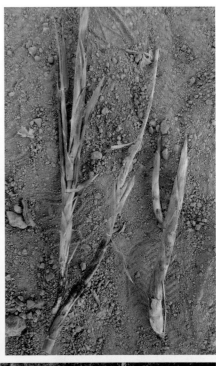

2. 马唐 *Digitaria sanguinalis* (L.) Scop.

英文名　Crabgrass

俗　名　抓地草、秧子草、须草、叉子草、鸡爪草

形态特征　成株株高 40 ～ 100 cm，秆丛生，基部倾斜，着土后节易生根或具分枝，光滑无毛；叶鞘松弛抱茎，大部短于节间，疏生疣基柔毛；叶舌膜质，黄棕色，先端钝圆；叶片条状披针形，两面疏生软毛或无毛；总状花序 3 ～ 10 枚，长 5 ～ 18 cm，上部互生或呈指状排列于茎顶，下部近于轮生；小穗灰绿色或带紫色。带稃颖果，椭圆形，淡黄色或灰白色，脐明显，圆形，胚卵形，长约等于颖果的 1/3。

幼　苗　第一片真叶卵状披针形，具有一狭窄环状且顶端齿裂的叶舌，叶缘具长睫毛，叶鞘表面密被长柔毛；第二片叶叶舌三角状，顶端齿裂。

生态特征　一年生草本，苗期 4—7 月，花果期 6—11 月，种子繁殖。

分布与危害　广布全国各地，以秦岭、淮河以北地区发生面积最大。秋熟旱作物田恶性杂草。发生数量、分布范围在旱地杂草中均居首位，以作物生长的前中期危害为主。

3. 狗尾草 *Setaria viridis* (L.) Beauv.

英文名　Bristlegrass

俗　名　绿狗尾草、狗尾巴草

形态特征　成株株高 10 ～ 100 cm，秆丛生，直立或倾斜，基部偶有分枝；叶鞘松弛，边缘具密棉毛状纤毛；叶舌膜质，具 1 ～ 2 mm 的环毛；叶片条状披针形；圆锥花序紧密，呈圆柱状，直方或稍弯垂，通常绿色或褐黄到紫红或紫色；谷粒长圆形，顶端钝，具细点状皱纹；颖果近卵形，腹面扁平。

幼　苗　胚芽鞘紫红色；第一片真叶倒披针状，先端尖锐，长 8 ～ 9 mm，宽 2 ～ 3 mm，绿色，无毛，叶片近地面，斜向上伸出；第一片真叶无叶舌，后生叶有毛状叶舌；叶耳处有紫红色斑。

生态特征　一年生草本，4—5 月出苗，6—9 月陆续成熟，种子经冬眠后萌发。

分布与危害　遍布全国。为秋熟旱作物的主要杂草之一。

4. 稗 *Echinochloa crusgalli* (L.) Beauv.

英文名 Barnyardgrass

俗 名 野稗、稗草

形态特征 成株株高 50 ～ 130 cm，秆丛生，基部膝曲或直立，基部多分蘖；条形叶，无毛，叶鞘光滑无叶舌；圆锥花序直立或下垂，呈不规则塔型，绿色或紫色，主轴具棱，有 10 ～ 20 个穗形总状花序的分枝，并生或对生于主轴；小穗有 2 个卵圆形的花，长约 3 mm，具硬疣毛，密集在穗轴的一侧；颖果椭圆形，凸面有脊。

幼 苗 第一片真叶带状披针形，平展生长，无叶耳、叶舌。

生态特征 一年生草本，苗期 5—6 月，花果期 7—10 月，种子繁殖。

分布与危害 世界性恶性杂草。全国各棉区均有发生，新疆广布，尤以水旱轮作地区发生危害严重。该草生命力极强，主要危害水稻和低洼湿地的棉花、玉米等作物。

5. 画眉草 *Eragrostis pilosa* (L.) Beauv.

英文名 India lovegrass

俗　名 星星草、蚊子草

形态特征 成株秆丛生，直立或基部膝曲，株高 15 ～ 60 cm，茎直径 1.5 ～ 2.5 mm，通常具 4 节，光滑。叶鞘松裹茎，长于或短于节间，扁压，鞘缘近膜质，鞘口有长柔毛；叶舌为一圈纤毛，长约 0.5 mm；叶片线形扁平或卷缩，长 6 ～ 20 cm，宽 2 ～ 3 mm，无毛。圆锥花序开展或紧缩，分枝单生，簇生或轮生，多直立向上，腋间有长柔毛，小穗具柄，含 4 ～ 14 小花；颖为膜质，披针形，先端渐尖。颖果长圆形，长约 0.8 mm。

幼　苗 子叶留土，第一片真叶线形，先端钝尖，叶缘具细齿，直出平行脉 5 条；叶鞘边缘上端有柔毛，无叶舌、叶耳；第二片真叶线状披针形，直出平行脉 7 条，叶舌、叶耳呈毛状。

生态特征 一年生草本，种子繁殖，花果期 8—11 月；喜湿润而肥沃的土壤。

分布与危害 遍布全国各地；多生于耕地、田边、路旁和荒芜田野草地上。

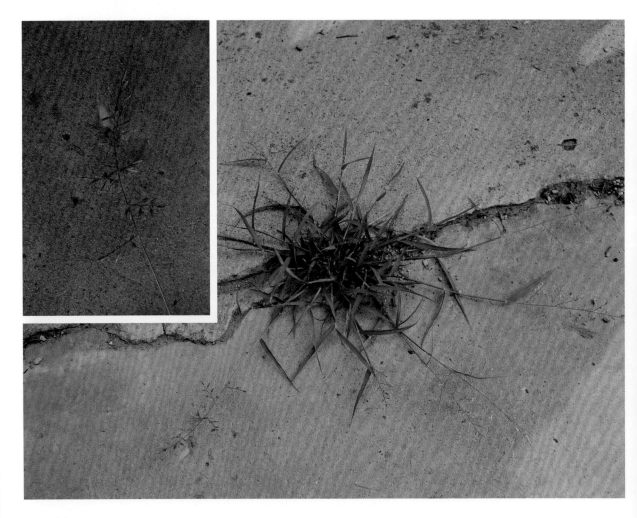

6. 虎尾草 *Chloris virgata* Sw.

英文名　Feather fingergrass

俗　名　棒锤草、刷子头、盘草

形态特征　成株株高 20 ～ 60 cm，秆丛生，稍扁，基部膝曲；叶鞘松弛，肿胀而包裹花序；叶片条状披针形；穗状花序，4 至 10 余枚指状簇生茎顶，呈扫帚状，小穗紧密排列于穗轴一侧，成熟后带紫色；颖果狭椭圆形或纺锤形，有光泽，透明，淡棕色。

幼　苗　第一片真叶下多毛，叶鞘边缘膜质，有毛，叶舌极短，茎基部红色。

生态特征　一年生草本，种子繁殖。华北地区 4—5 月出苗，花期 6—7 月，果期 7—9 月。

分布与危害　分布全国各地。适生于向阳地，并以沙质地更多见。主要危害棉花、玉米、谷子、高粱、豆类等旱田作物。

7. 狗牙根 *Cynodon dactylon* (L.) Pers.

英文名 Bermuda grass

俗　名 绊根草、爬根草、感沙草、铁线草

形态特征 成株株高 10 ～ 30 cm，茎匍匐地面，于节上生根及分枝，花序轴直立；叶鞘有脊，鞘口常有柔毛，叶舌短，有纤毛；叶片条形，前端渐尖，边缘有细齿，叶互生，下部因节间短缩似对生；穗状花序，3 ～ 6 枚呈指状簇生于秆顶；小穗灰绿色或带紫色；种子卵圆形，成熟易脱落。

幼　苗 第一片真叶带状，叶缘有极细的刺状齿，具很窄的环状膜质叶舌，顶端细齿裂，有 5 条直出平行脉；第二片真叶线状披针形，有 9 条平行脉。

生态特征 多年生草本，以根状茎和匍匐茎越冬，翌年靠越冬部分休眠芽萌发生长；亦可种子繁殖。一般 3 月地下茎萌发，5—7 月开花结果，霜冻后地上部死亡。

分布与危害 世界温暖地区均有分布。我国黄河流域以南各地均有分布，为难防除的有害杂草。

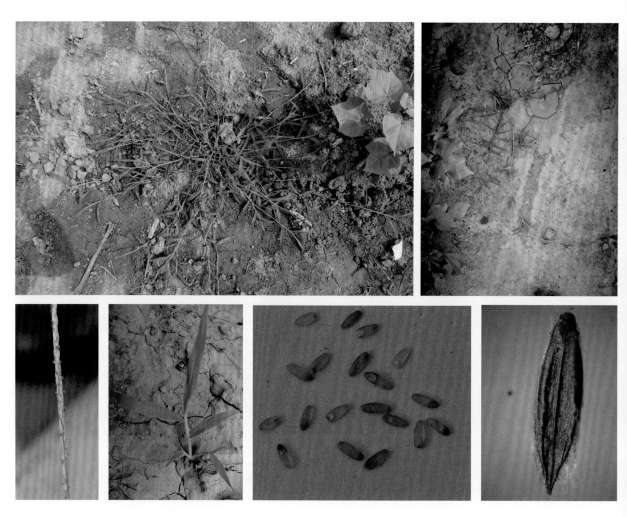

8. 牛筋草 *Eleusine indica* (L.) Gaertn.

英文名　Goosegrass

俗　名　蟋蟀草、千人拔、油葫芦草

形态特征　成株株高 15 ～ 90 cm。秆丛生，基部倾斜向四周开展；须根较细而稠密，为深根性，难拔；叶鞘压扁且具脊，鞘口具柔毛；叶舌短，叶片扁平或卷折，无毛或疏生疣毛；穗状花序 2 ～ 7 枚，呈指状簇生于秆顶；颖披针形，有脊，内包 1 粒矩圆形种子。

幼　苗　第一片真叶与后生叶折叠状相抱，幼苗全株扁平状，光滑无毛；秆基部倾斜向四周开展。

生态特征　一年生草本，苗期 4—8 月，花果期 6—10 月，种子繁殖。

分布与危害　遍布全国，以黄河流域和长江流域及其以南地区发生较多，为秋熟旱作物田危害较重的恶性杂草。

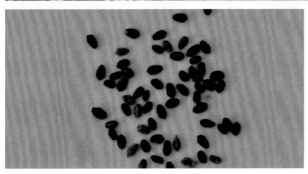

9. 节节麦 *Aegilops tauschii* Coss.

英文名 Tausch's goat grass

俗 名 山羊草

形态特征 秆高 20～40 cm。叶鞘紧密包茎，平滑无毛而边缘具纤毛；叶舌薄膜质，长 0.5～1 mm；叶片宽约 3 mm，微粗糙，上面疏生柔毛。穗状花序圆柱形，含（5）7～10（13）个小穗；小穗圆柱形，长约 9 mm，含 3～4（5）小花；颖革质，长 4～6 mm，通常具 7～9 脉，或可达 10 脉以上，顶端截平或有微齿；外稃披针形，顶具长约 1 cm 的芒，穗顶部者长达 4 cm，具 5 脉，脉仅于顶端显著，第一外稃长约 7 mm；内稃与外稃等长，脊上具纤毛。

幼 苗 暗绿色，基部淡紫红色，幼叶初出时卷为筒状，展开后为长条形，鞘口边缘有长纤毛。

生态特征 一年生草本，种子繁殖。花果期 5—6 月。

分布与危害 分布于山西、河南、陕西及新疆等地，生于海拔 600～1 500 m 荒芜草地或麦田中。

10. 棒头草 *Polypogon fugax* Nees ex Steud.

英文名　Common polypogon

俗　名　棒子草

形态特征　秆丛生，披散或基部膝曲上升，有时近直立，成株高 15～75 cm，具 4～5 节。叶片长 5～15 cm，宽 4～9 mm；叶鞘光滑无毛，大都短于或下部者长于节间；叶舌膜质，常 2 裂或先端不整齐地齿裂。圆锥花序直立，分枝稠密或疏松，长可达 4 cm；小穗含 1 花，长约 2 mm，灰绿色或部分带紫色；两颖近等长，先端裂口处有长 1～3 mm 的直芒；外稃中脉延伸成长约 2 mm 的细芒。颖果椭圆形。

幼　苗　第一叶条形，有裂齿状叶舌，无叶耳，全体光滑无毛。

生态特征　一年生草本，种子繁殖。4—9 月为花果期。

分布与危害　多发生于潮湿之地。夏熟作物田杂草，主要为害小麦、油菜、绿肥和蔬菜等作物。除东北、西北外，广布于全国各省区。

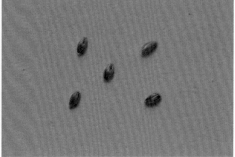

11. 巨大狗尾草 *Setaria viridis subsp. pycnocoma* (Steud.) Tzvelev

英文名 Green foxtail

俗　名 长穗狗尾草、长序狗尾草、谷莠子

形态特征 植株较高大而粗壮，株高 60 ~ 90 cm。秆疏生丛生，直立或基本膝曲而上升。叶片条状披针形，叶鞘松弛光滑，鞘口有柔毛；圆锥花序紧密呈圆柱形，绿色或黄褐色，刚毛粗糙，长 15 ~ 20 cm 或更长，通常下垂；颖果近卵形，腹面扁平。

生态特征 一年生草本，种子繁殖。北方地区 4—5 月出苗，6—9 月为花果期。

分布与危害 分布于东北、内蒙古自治区（以下简称内蒙古）、华北及西北等地，主要危害谷子、玉米、高粱、棉花、花生、豆类、薯类、果树及苗木等。多与谷子伴生，发生量较大，危害较重，是叶蝉、蓟马、蚜虫和小地老虎等诸多害虫的寄主。

12. 菵草 *Beckmannia syzigachne* (Steud .)Fern.

英文名　American sloughgrass, Beckmann's grass

俗　名　水稗子、菵米

形态特征　成株秆直立，高 15 ～ 90 cm，具 2 ～ 4 节。叶鞘无毛，多长于节间；叶舌透明膜质，长 3 ～ 8 mm；叶片扁平，长 5 ～ 20 cm，宽 3 ～ 10 mm，粗糙或下面平滑。圆锥花序长 10 ～ 30 cm，分枝稀疏，直立或斜升；小穗扁平，圆形，灰绿色，常含 1 小花，长约 3 mm；颖草质；边缘质薄，白色，背部灰绿色，具淡色的横纹；外稃披针形，具 5 脉，常具伸出颖外之短尖头；花药黄色，长约 1 mm。颖果黄褐色，长圆形，长约 1.5 mm，先端具丛生短毛。

幼　苗　子叶留土，第一片真叶带状披针形，先端锐尖，具 3 条直出平行脉，叶舌白色膜质，顶端 2 深裂，无叶耳，叶鞘紫红色，具 3 条脉；第二片真叶具 5 条直出平行脉，叶舌三角形。

生态特征　一年生草本，种子繁殖；苗期 3—4 月，花果期 5—8 月。

分布与危害　在我国东北、华北、西北、华东、西南等各省区的水边湿地均有分布。适生于水边及潮湿处，为长江流域及西南地区稻茬麦和油菜田主要杂草，尤在地势低洼、土壤黏重的田块危害严重。亦为水稻细菌性褐斑病及锈病的寄主。

13. 白茅 *Imperata cylindrica* (L.) Beauv.

英文名 Cogongrass

俗　名 茅、茅针、茅根

形态特征 成株秆直立，高 30～80 cm，节无毛。叶鞘聚集于秆基，甚长于其节间，质地较厚，老后破碎呈纤维状；叶舌膜质，紧贴其背部或鞘口具柔毛，分蘖叶片长约 20 cm，宽约 8 mm，扁平，质地较薄；秆生叶片长 1～3 cm，窄线形，通常内卷，顶端渐尖呈刺状，下部渐窄，或具柄，质硬，被有白粉，基部上面具柔毛。圆锥花序稠密，长 20 cm，宽达 3 cm，小穗长 4.5～5 mm，基盘具长 12～16 mm 的丝状柔毛；两颖草质及边缘膜质，近相等，具 5～9 脉，顶端渐尖或稍钝，常具纤毛，脉间疏生长丝状毛，第一外稃卵状披针形，长为颖片的 2/3，透明膜质，无脉，顶端尖或齿裂，第二外稃与其内稃近相等，长约为颖的一半，卵圆形，顶端具齿裂及纤毛；雄蕊 2 枚，花药长 3～4 mm；花柱细长，柱头 2，紫黑色，羽状，长约 4 mm，自小穗顶端伸出。颖果椭圆形。

幼　苗 子叶留土；第一片真叶线状披针形，边缘粗糙，中脉显著，带紫色；叶舌干膜质，叶鞘和叶片有不明显交接区。

生态特征 多年生草本，根状茎繁殖；苗期 3—4 月，花果期 4—6 月。

分布与危害 遍布全国。果园、桑园、茶园、橡胶园危害较重。

（二）菊科杂草

14. 乳苣 *Lactuca tatarica* (L.) C. A. Mey.

英文名　Blue lettuce

俗　名　蒙山莴苣、紫花山莴苣、苦菜

形态特征　成株株高 5～100 cm，茎分枝，具细棱，光滑无毛；下部茎生叶长圆形或长圆状披针形，侧向羽片深裂至浅裂，顶端渐尖，裂片长三角形，基部渐窄成不明显的柄，叶缘多具软骨质小尖头，主脉明显较宽，中上部叶和下部叶相似而较小，无柄，多全缘，上部绿色或两面粉绿色；头状花序排列成聚伞圆锥状花序，总苞窄钟状，总苞片 4 层，常呈紫色，边缘白色膜质；舌状花蓝紫色或淡紫色，舌片长约 9 mm，先端截平；瘦果倒卵状纺锤形，顶端渐窄成明显或不明显的喙；冠毛淡白色。

生态特征　多年生草本，以种子及地下芽繁殖。花期 5—9 月，果期 6—10 月。

分布与危害　广泛分布于分布辽宁、内蒙古、河北、山西、陕西、甘肃、新疆、西藏自治区（以下简称西藏）、河南等地，生于河谷、草甸、田边、林缘。危害棉花、小麦、果树等，常成片生长，形成单优种小群聚。

15. 苍耳 *Xanthium sibiricum* Patrin ex Widder

英文名 Siberia cocklebur

俗　名 呆耳、毛苍

形态特征 成株株高 30 ～ 100 cm，茎直立；叶互生，具长柄，叶片卵状三角形或心形，边缘有不规则的锯齿或 3 浅裂，两面均有贴生糙伏毛；头状花序腋生或顶生，花单性，雌雄同株；雄花序球形，黄绿色，集生于花轴顶端；雌花序生于叶腋，椭圆形，外层总苞片小，无花瓣；聚花果宽卵形或椭圆形，淡黄色或浅褐色，坚硬，内有 2 瘦果，倒卵形，灰黑色。

幼　苗 子叶 2 片，椭圆状披针形，光滑无毛。初生叶 2 片，卵形，先端钝，基部楔形，叶缘有钝锯齿，具柄，叶片及叶柄均密被茸毛，主脉明显。下胚轴发达，紫红色。

生态特征 一年生草本，苗期 4—8 月，花果期 7—9 月，种子繁殖。

分布与危害 分布全国各地。生于旱作物田和果园，主要危害果树、棉花、玉米、豆类、谷子、马铃薯等作物。在田间多为单生，在果园、荒地多成群生长。局部地区受害较轻。

16. 蒲公英 *Taraxacum mongolicum* Hand.-Mazz.

英文名　Dandelion

俗　名　蒲公草、尿床草、羊奶奶草、鬼灯笼

形态特征　成株叶根生，排列成莲座状，羽裂或倒向羽裂，全缘或有齿，裂片间夹生小齿，两面疏被蛛丝状毛或无毛；头状花序单生于顶，总苞钟状，外层苞片卵状披针形至披针形，内层呈长圆状或线形，顶端常有角状突起；舌状花冠黄色，背面有紫红色条纹；瘦果椭圆形至倒卵形，暗褐色，常稍弯曲，先端有长喙，冠毛羽状，白色。

幼　苗　下胚轴不发达；子叶对生，倒卵形，叶柄短；初生叶1片，宽椭圆形，顶端钝圆，基部阔楔形，边缘有微细齿。

生态特征　多年生草本，以种子及地下芽繁殖。花果期3—7月。

分布与危害　广泛分布于东北、华北、华东、华中、西北及西南等地。危害棉花、小麦、果树、桑树及茶树等，发生量小，危害轻。

17. 苣荬菜 *Sonchus arvensis* L.

英文名　Perennial sowthistle

俗　名　野苦菜、苦葛麻、田野苦荬菜、取麻菜、苣菜、曲麻菜

形态特征　茎直立，分枝或不分枝，株高 30 ～ 100 cm；基生叶及下部茎生叶披针形或长椭圆状披针形，顶端渐尖，边缘有锯齿或羽状深裂，裂片宽披针形，或长圆状披针形，末端裂片长，边缘及侧裂片上有齿，叶先端急尖，基部深心形，向上叶相似而渐小；头状花序排列成伞房状，生于茎枝顶端，花序下及附近的花序梗上有或疏或密的白色茸毛或腺毛；总苞钟状，总苞片 3 ～ 4 层，舌状花黄色，舌片长 7 mm；瘦果椭圆形或纺锤形，亮黄色或棕褐色，除侧棱外，两边各有一中棱，各棱间复有 2 条细棱，冠毛白色，易脱落。

生态特征　多年生草本，以种子和根茎进行繁殖。花期 6—9 月，果期 7—11 月。

分布与危害　遍布全国各地，生于林缘、平原、草甸、农田及其附近，危害棉花、小麦、蔬菜、果树等。

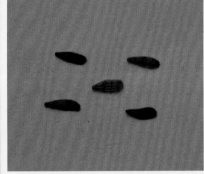

18. 苦苣菜 *Sonchus oleraceus* L.

英文名　Annual sowthistle

俗　名　苦菜、滇苦菜

形态特征　成株株高 30 ～ 100 cm；茎直立，无毛或上部有具黑头的腺毛，有纵沟，不分枝或上部分枝；叶片长圆状倒披针形，羽状深裂，大头羽状全裂或羽状半裂，叶柄具宽或窄翅，下部叶柄仅基部扩大，中部叶无柄或成耳状抱茎，上部叶近基端更扩大，顶端变窄，有的成尾状，边缘有小齿；顶生头状花序组成伞房状花序；总苞钟状，总苞片 2 ～ 3 层；舌状花黄色，长约 16 mm；瘦果长椭圆倒卵形，扁压，亮褐色或肉色，每侧有隆起的纵肋 3 条，肋间有横的皱纹；冠毛白色，易脱落。

生态特征　一年生或二年生草本，种子或根茎繁殖，花期 5—9 月，果期 6—10 月。

分布与危害　遍布全国各地，生于农田及其附近、路旁、果园、疏林地及各种弃耕地或撂荒地，危害棉花、小麦、蔬菜、果树等。

19. 新疆蓟 *Cirsium semenowii* Regel.

英文名 Xinjiang thistle

形态特征 成株株高 50～80 cm，茎直立，被白色蛛丝状柔毛。全部叶绿色，表面光滑无毛色；基生叶到茎中部叶椭圆形、长椭圆形或椭圆状倒披针形，顶端圆钝，基部楔形，全缘叶沿缘有伏贴的细针刺，或羽状浅裂、半裂，裂片斜三角形，顶端有较长的针刺，常无柄；向上叶渐小，与下部叶同形，半抱茎；头状花序单生，或排列成顶生的伞房状花序；总苞片约 6 层，覆瓦状排列，被稀疏的蛛丝状柔毛；小花紫红色或红色，长达 1.9 cm；瘦果椭圆形或稍偏斜，顶端截形；冠毛多层，污白色，刚毛长羽状，长于小花花冠。

生态特征 多年生草本，以根芽繁殖为主，种子繁殖为辅。最早于 4 月出苗，5—7 月开花、结果，7—10 月果实渐次成熟。

分布及危害 分布于我国新疆，生于山地林缘、林间空地、河谷、水边、平原荒地、田间和路旁，为棉花、麦类、豆类和甘薯田的主要危害性杂草。

20. 蓼子朴 *Inula salsoloides* (Turcz.) Ostenf.

俗　名　沙地旋覆花、黄喇嘛、秃女子草

形态特征　成株株高 30～50 cm，茎平卧，或斜升，或直立，圆柱形，下部木质，自基部有密集的分枝，中部以上有较短的分枝，分枝细，常弯曲，被白色基部常疣状的长粗毛，后上部常脱毛；根状茎具分枝，横走，木质，有疏生的叶，长圆状三角形或长卵形；叶小而密生，披针状或长圆状线形，顶端钝或稍尖，全缘，基部心形或有小耳，半抱茎，边缘平或稍反卷，稍肉质，上面无毛，下面有腺及短毛；头状花序单生于枝端；总苞倒卵形，5～6 层，由外及内呈卵形到线形，渐尖，基部常稍草质，黄绿色，背面无毛，上部或全部有缘毛，外层渐小；舌状花较总苞长半倍，舌浅黄色，椭圆状线形，顶端有 3 个细齿；瘦果有多数细沟，被腺和疏粗毛，上端有较长的毛。

生态特征　多年生草本或亚灌木，以根状茎和种子进行繁殖，花期 5—8 月，果期 7—9 月。

分布与危害　广泛分布于新疆、内蒙古、青海北部和东部、甘肃、陕西、河北、山西北部和辽宁西部，生于荒漠半荒漠草原的固定沙丘、农田边、河湖岸边。主要危害棉花、小麦、果树等。

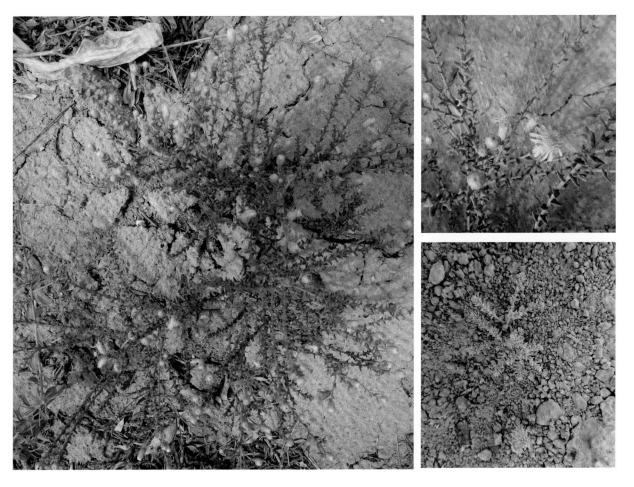

21. 花花柴 *Karelinia caspia* (Pall.) Less.

俗　名　胖姑娘

形态特征　成株株高 50～100 cm，茎直立，多分枝；叶卵形至长圆形，长 1～6 cm，宽 0.5～2.5 cm，顶端钝或圆形，基部等宽或稍狭，有圆形或戟形的小耳，抱茎，全缘，质厚，几肉质，两面被短糙毛，后有时无毛；头状花序长 13～15 mm，3～7 个生于枝端，形成聚伞状，花序梗长 5～25 mm，苞叶渐小，卵圆形或披针形，小花黄色或紫红色；瘦果长约 1.5 mm，圆柱形，基部较狭窄，有 4～5 纵棱，无毛。

生态特征　多年生草本，以种子及地下根繁殖。花期 7—9 月，果期 9—10 月。

分布与危害　分布于新疆、青海、甘肃、内蒙古部分地区的荒漠地带的盐生草甸、弃耕盐地、盐渍化低地、农田边，已被公认为最有效的泌盐植物之一。危害棉花、小麦、果树等。

22. 顶羽菊 *Acroptilon repens* (L.) DC.

英文名　Russian knapweed

俗　名　苦蒿、苦艾

形态特征　成株高 25 ～ 70 cm。茎单生，或少数茎成簇生，直立，自基部分枝，分枝斜升，全部茎枝被蛛丝毛，被稠密的叶。全部茎叶质地稍坚硬，长椭圆形或匙形或线形，顶端钝或圆形或急尖而有小尖头，边缘全缘，无锯齿或具少数不明显的细尖齿，或叶羽状半裂，侧裂片三角形或斜三角形，两面灰绿色，被稀疏蛛丝毛或脱毛。植株含多数头状花序，头状花序多数在茎枝顶端排成伞房花序或伞房圆锥花序。总苞卵形或椭圆状卵形，覆瓦状排列，向内层渐长，外层与中层卵形或宽倒卵形；内层披针形或线状披针形，顶端附属物小。全部苞片附属物白色，透明，两面被稠密的长直毛。全部小花两性，管状，花冠粉红色或淡紫色；瘦果倒长卵形，淡白色，顶端圆形，无果缘，基底着生面稍见偏斜。冠毛白色，多层，向内层渐长，全部冠毛刚毛基部不连合成环，不脱落或分散脱落，短羽毛状。

生态特征　多年生草本，花果期 5—9 月。

分布与危害　分布于山西、河北、内蒙古、陕西、青海、甘肃、新疆等地。生于山坡、丘陵、平原、农田、荒地广布。

23. 小蓬草 *Conyza canadensis* (L.) Cronq.

英文名 Horseweed

俗　名 小白酒草、小飞蓬

形态特征　成株株高 40 ～ 120 cm，茎直立，上部多分枝，全株有细条纹及脱落性粗糙毛；叶互生，基部叶近匙形，上部叶线性或条状披针形，无明显叶柄，全缘或有齿裂，边缘有睫毛；头状花序，再密集成圆锥状或伞房圆锥状花序；头状花序外围花雌性，细管状，先端有叶舌，白色或紫色；管状花位于花序内方，微黄色；瘦果短圆形，具斜生毛。

幼　苗　子叶卵圆形，光滑，具短柄；初生叶 1 片，椭圆形，先端突尖，全缘，具睫毛，密被短柔毛；第二后生叶短圆形，叶缘出现 2 个小尖齿。

生态特征　一年或二年生草本，10 月中旬出苗，除 12 月、1—2 月的严寒期间极少发生外，直至翌年 5 月均有出苗，但 10 月和 4 月为两个出苗高峰期，花果期 6—10 月，以幼苗或种子越冬，种子繁殖。

分布与危害　分布全国多数地区。多生于干燥、向阳的土地，对棉花、小麦、果树、茶树、蔬菜危害重，易形成大片群落。

24. 刺儿菜 *Cirsum arvense* var integrifolium.

英文名　Canada thistle

俗　名　刺小蓟、野红花、小刺盖、刺刺菜

形态特征　成株株高 30 ～ 50 cm，茎直立，具长匍匐根；叶互生，无柄，缘具刺状齿，基生叶早落，下部和中部叶椭圆状披针形，中、上部叶有羽状浅裂；全部茎叶两面同色，绿色或下面也淡，两面无毛；极少数叶片两面异色，下面被薄绒毛。雌雄异株，头状花序，雄株花序较小，雌株花序则较大，总苞片多层，先端具刺；花冠紫红色或淡红色，全为筒状；瘦果椭圆形或长卵形，表面浅黄色至褐色。

幼　苗　子叶阔椭圆形，全缘；初生叶椭圆形，叶缘齿裂，具齿状刺毛。

生态特征　多年生草本，以根茎繁殖为主，种子繁殖为辅。我国北部最早出苗 3—4 月，5—6 月开花、结果，6—10 月果实逐次成熟。

分布与危害　全国各地均有分布，以北方更为普遍。为麦、棉、豆和甘薯田的主要危害性杂草，也是果、桑园的主要杂草。

25. 蓟 *Cirsium japonicum* Fisch ex DC.

英文名　Japanese thistle herb

俗　名　大刺儿菜、大刺盖、大蓟、地萝卜、大蓟草

形态特征　成株株高 40～100 cm，茎直立，上部有分枝，具纵棱，近无毛或疏被蛛丝状毛；中部叶长圆形、椭圆形至椭圆状披针形，先端钝形，有刺尖，边缘羽状深裂，有细刺，上面绿色，背面被蛛丝状毛；雌雄异株，头状花序多数集生于顶部，排列成疏松的伞房状；总苞钟形，总苞片多层；雌花花冠紫红色，管状；瘦果长圆形。

幼　苗　子叶阔椭圆形，全缘；初生叶椭圆形，叶缘深齿裂，具齿状刺毛。

生态特征　多年生草本，根芽繁殖或种子繁殖。花果期6—9月。

分布与危害　分布于东北、华北、陕西、甘肃、宁夏、青海、四川和江苏等地。常危害夏收作物（麦类、油菜和马铃薯）及秋收作物（玉米、大豆、谷子和甜菜等），也在牧场及果园危害，在耕作粗放的农田中，发生量大，危害重，很难防治，尤其在北方地区，危害更大。

26. 山苦荬 *Ixeris chinensis* (Thunb.) Nakai.

英文名　Chinese ixeris

俗　名　苦菜、小苦荬、兔儿菜

形态特征　成株株高 10～40 cm，茎基部多分枝，具匍匐根；全株含乳白色汁液，无毛；基生叶丛生，线状披针形或倒披针形，茎生叶互生，向上渐小而无柄，基部稍抱茎；头状花序排列成疏生的伞房花序；总苞在花未开时成圆筒状，外层总苞片卵形，内层线状披针形；花为舌状花，黄色或白色，花药墨绿色；瘦果狭披针形，棕褐色，有条棱；冠毛白色，刚毛状，长约 6 mm。

幼　苗　光滑无毛。子叶卵圆形，具短柄。初生叶 1 片，卵圆形，叶缘有不明显的小齿，下具长柄。

生态特征　多年生草本，以根芽和种子繁殖，但以营养繁殖为主。花果期 4—10 月，冬季地上部分死亡。

分布与危害　分布全国各地，以北方最普遍。主要危害棉花、玉米、蔬菜、果树和茶树，但程度较轻。

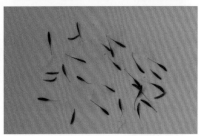

27. 艾 *Artemisia argyi* Lévl. et Van.

英文名 Moxa

俗　名 金边艾、艾蒿、祈艾、医草、灸草、端阳蒿

形态特征 株高 50 ～ 120 cm，被密茸毛，中部以上或仅上部有开展及斜升的花序枝。叶互生，下部叶在花期枯萎；中部叶长 6 ～ 9 cm，宽 4 ～ 8 cm，基部急狭，或渐狭成短或稍长的柄，或稍扩大而成托叶状；叶片羽状深裂或浅裂，侧裂片约 2 对，常楔形，中裂片又常三裂，裂片边缘有齿，上面被蛛丝状毛，有白色密或疏腺点，下面被白色或灰色密茸毛；上部叶渐小，三裂或全缘，无梗。头状花序多数，排列成复总状，长 3 mm，直径 2 ～ 3 mm，花后下倾；总苞卵形；总苞片 4 ～ 5 层，边缘膜质，背面被绵毛；花带红色，多数，外层雌性，内层两性。瘦果常几达 1 mm，无毛。

生态特征 多年生草本或略成半灌木状，以根芽和种子繁殖。花果期 7—10 月。

分布与危害 分布广，除极干旱与高寒地区外，几乎遍及全国。生于荒地、路旁河边及山坡等地，局部地区为植物群落的优势种。北疆棉田偶见发生。

（三）藜科杂草

28. 灰绿藜 *Chenopodium glaucum* L.

英文名　Oakleaf goosefoot

俗　名　盐灰菜

形态特征　茎通常由基部分枝，斜上或平卧，有沟槽与条纹，成株株高 10～45 cm；叶互生，有短柄，叶片厚，带肉质，椭圆状卵形至卵状披针形，长 2～4 cm，宽 5～20 mm，先端急尖或钝，边缘有波状齿，基部渐狭，表面绿色，背面灰白色、密被粉粒，中脉明显。花簇短穗状，腋生或顶生；花被裂片 3～4，少数为 5。胞果伸出花被片，果皮薄，黄白色；种子扁圆形，暗褐色。

幼　苗　子叶宽楔形，主脉清晰，具粉粒；初生叶互生，三角状卵形，叶基戟形；幼苗全株灰绿色。

生态特征　一年生草本植物，种子繁殖。4—5 月出苗，花期 6—9 月，果期 8—10 月。

分布及危害　我国除台湾、福建、江西、广东、广西壮族自治区（以下简称广西）、贵州、云南诸省区外，其他各地都有分布。田边、路边和荒地常见。危害小麦、棉花和蔬菜等，发生量大，危害重。灰绿藜为新疆棉田优势杂草。

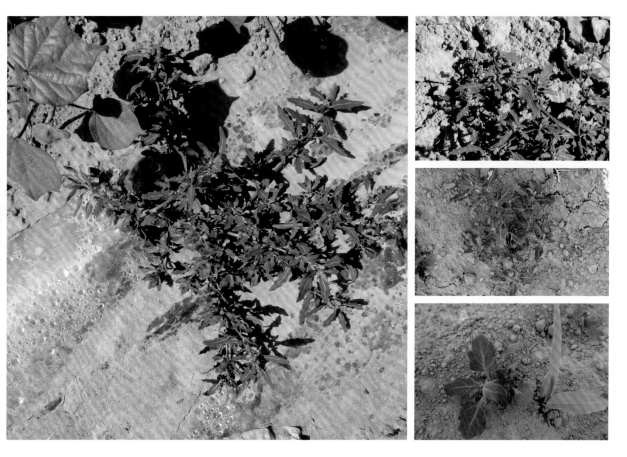

29. 藜 *Chenopodium album* L.

英文名　Lamb's quarters ; Goosefoot ; Fat-hen

俗　名　灰菜、灰条菜、落藜

形态特征　成株株高 60 ~ 150 cm，茎直立，多分枝，有棱和绿色的纵条纹；叶互生，具长柄，基部叶片较大，多成菱状或三角状卵形，边缘有不整齐的浅齿裂；上部叶片较窄狭，全缘或有微齿，叶被粉粒；花序圆锥状，有多数花簇聚合而成；花两性；花被黄绿色，被片 5 枚。种子粒小，双凸镜形，黑色。

幼　苗　子叶近线形或披针形，具粉粒；初生叶互生，三角状卵形，叶基戟形；幼苗全株灰绿色。

生态特征　一年生草本，种子繁殖。3 月即开始出苗，花果期 5—10 月。

分布与危害　全国各地都有分布，是农田重要杂草，常集群生长，发生量大、危害严重。

30. 小藜 *Chenopodium serotinum* L.

英文名　Small goosefoot；Figleaved goosefoot

俗　名　灰灰菜、小叶灰藋、苦落藜

形态特征　成株株高 20～60 cm，茎直立；叶互生，具柄，茎中下部的叶片微长圆状卵形，下部的叶近基部有两个较大的裂片，叶两面疏生粉粒；花序穗状，腋生或顶生；花两性。

幼　苗　子叶条状，先端钝圆，基部阔楔形，全缘，具短柄，基部紫红色。初生叶 2 片，对生，条状，全缘，叶下面略呈紫红色，叶基两侧有 2 片小裂齿，具短柄。叶下有粉粒。下胚轴与上胚轴均较发达，玫瑰红色。

生态特征　一年生草本，种子繁殖。早春萌芽，花期 4—6 月，果期 5—7 月。

分布与危害　除西藏外，全国各地均有分布。对小麦、玉米、花生、大豆、棉花、蔬菜、果树等作物危害较重。生长快，群体密度大，强烈消耗地力，为农田主要杂草。

31. 市藜 *Chenopodium urbicum* L.

英文名 City goosefoot

形态特征 株高 20～100 cm，全株无粉，幼叶及花序轴有时稍有棉毛。茎直立，较粗壮，有条棱及色条，分枝或不分枝。叶片三角形，长 3～8 cm，宽度与长度相等或较小，稍肥厚，先端急尖或渐尖，基部近截形或宽楔形，两面近同色，边缘具不整齐锯齿；叶柄长 2～4 cm。花两性兼有雄蕊不发育的雌花，少数团集并形成以腋生为主的直立穗状圆锥花序；花被裂片 5，花药矩圆形，花丝稍短于花被。胞果双凸镜形，果皮黑褐色。种子横生，直径约 1 mm，红褐色至黑色，有光泽，表面具不清晰的点纹，边缘钝。

生态特征 一年生草本，种子繁殖。花期 8—9 月，果期 10 月。

分布与危害 分布于吉林、河北、山西、山西、内蒙古和新疆，生于戈壁、田边等处。为北疆棉田偶见杂草。

32. 碱蓬 *Suaeda glauca* (Bunge) Bunge

英文名　Seepweed

俗　名　盐蓬、碱蒿子、盐蒿子、老虎尾、和尚头、猪尾巴、盐蒿

形态特征　株高可达 1 m。植株茎直立，粗壮，圆柱状，浅绿色，有条棱，上部多分枝；枝细长，上升或斜伸。叶丝状条形，半圆柱状，灰绿色，光滑无毛，稍向上弯曲，先端微尖，基部稍收缩。花两性兼有雌性，单生或 2～5 朵团集，大多着生于叶的近基部处；两性花花被杯状，黄绿色；雌花花被近球形，较肥厚，灰绿色；花被裂片卵状三角形，先端钝，在果期增厚，干燥时变黑色；雄蕊 5，花药宽卵形至矩圆形；柱头 2，黑褐色，稍外弯。胞果包在花被内，果皮膜质。种子横生或斜生，双凸镜形，黑色，周边钝或锐，表面具清晰的颗粒状点纹，稍有光泽；胚乳很少。

生态特征　一年生草本，花果期 7—9 月。

分布及危害　分布于黑龙江、内蒙古、河北、山东、江苏、浙江、河南、山西、陕西、宁夏、甘肃、青海、新疆南部。生于海滨、荒地、渠岸、田边等含盐碱的土壤上。

33. 地肤 *Kochia scoparia* (L.) Schrad.

英文名 Kochia

俗 名 地麦、落帚、扫帚苗、扫帚菜、孔雀松

形态特征 成株茎直立，株高 50 ～ 100 cm，株形呈卵形、倒卵形或椭圆形，分枝多而密，具短柔毛，茎基部半木质化。单叶互生，叶纤细，线形或条形，全缘。花序穗状，稀疏；花两性或雌性，无梗，通常 1 ～ 3 朵生于叶腋中，花被黄绿色，被片 5 枚，果期自背部生三角状横突起或翅。胞果扁球形，种子扁平，倒卵形。

幼 苗 子叶线形，叶背紫红色，无柄。除子叶外，全体密生长柔毛。初生叶 1 片，椭圆形，全缘，有睫毛，先端急尖，无柄。

生态特征 一年生草本，种子繁殖。花期 6—9 月，果期 8—10 月。

分布与危害 分布全国各地，以北方地区更为普遍。生于农田、路边、荒地。在各种土壤均能生长，以轻度盐碱地生长较多。适生于湿地，亦较耐旱，于秋作物田和果园常见，部分农田发生量大，集群生长，危害较重。为农田常见杂草。

34. 木地肤 *Kochia prostrata* (L.) Schrad.

英文名　Prostrate summer cypress；Forage kochia；Prostrate kochia

俗　名　伏地肤

形态特征　株高 20～80 cm。木质茎高不及 10 cm，黄褐或带黑褐色；当年生枝淡黄褐或带淡紫红色，常密生柔毛，分枝疏。叶线形，稍扁平，常数个簇生短枝，长 80～20mm，宽 1～1.5 mm，基部稍窄，无柄，脉不明显。花两性兼有雌性，常 2～3 朵簇生叶腋，于当年枝上部集成穗状花序。花被球形，有毛，花被裂片卵形或长圆形，先端钝，内弯；翅状附属物扇形或倒卵形，膜质，具紫红或黑褐色细脉，具不整齐圆锯齿或为啮蚀状；柱头 2，丝状，紫褐色。胞果扁球形，果皮厚膜质，灰褐色。种子近圆形，直径约 1.5 mm。

生态特征　亚灌木，花期 7—8 月，果期 8—9 月。

分布与危害　分布于黑龙江、辽宁、内蒙古、河北、山西、陕西、宁夏、甘肃西部、新疆及西藏，生于山坡、沙地或荒漠。新疆棉田偶见。

35. 猪毛菜 *Salsola collina* Pall.

英文名 Spineless russian-thistle

俗　名 猴子毛、猪毛缨、猪毛草、青猪草

形态特征 成株茎直立，株高 20 ～ 100 cm，基部多分枝而展开，淡绿色，有条纹。叶互生，条状圆柱形，肉质，生短糙硬毛，先端有小刺尖。花序穗状，细长，生于枝条上部；种子倒卵形。

幼　苗 子叶暗绿色，线状圆柱形，肉质，先端渐尖，基部报茎，无柄。初生叶 2 片，线状，肉质，无柄。

生态特征 一年生草本，种子繁殖。花期 6—9 月，果期 8—10 月。

分布与危害 我国北方地区农田、果园的常见杂草，对大豆、小麦、棉花、花生等作物危害较重。

36. 刺沙蓬 *Salsola tragus* L.

英文名　Russian thistle, Tumbleweed

俗　名　刺蓬、细叶猪毛菜

形态特征　植株高 30 ～ 100 cm；茎直立，自基部分枝，茎、枝生短硬毛或近于无毛，有白色或紫红色条纹。叶片半圆柱形或圆柱形，无毛或有短硬毛，顶端有刺状尖，基部扩展，扩展处的边缘为膜质。花序穗状，生于枝条的上部；苞片长卵形，顶端有刺状尖，基部边缘膜质，比小苞片长；小苞片卵形，顶端有刺状尖；花被片长卵形，膜质，无毛，背面有 1 条脉；花被片果时变硬，自背面中部生翅；翅 3 个较大，肾形或倒卵形，膜质，无色或淡紫红色，有数条粗壮而稀疏的脉，2 个较狭窄，花被果时（包括翅）直径 7 ～ 10 mm；花被片在翅以上部分近革质，顶端为薄膜质，向中央聚集，包覆果实；柱头丝状，长为花柱的 3 ～ 4 倍。种子横生，直径约 2 mm。

生态特征　一年生草本，花期 8—9 月，果期 9—10 月。

分布及危害　分布于东北、华北、西北、西藏、山东及江苏。生于河谷沙地、砾质戈壁、海边。

（四）马齿苋科杂草

37. 马齿苋 *Portulaca oleracea* L.

英文名 Common purslane

俗 名 马齿菜、马蛇子菜、马荠菜

形态特征 肉质，常匍匐，全株光滑无毛，茎平卧或斜倚，多分枝，圆柱形，淡绿色或紫红色；叶互生或假对生，叶片扁平，肥厚，楔状长圆形或倒卵形，顶端圆钝或平截；花小，无梗，3～5朵生于枝顶端；花萼2片，花瓣4～5片，黄色，先端凹，倒卵形；蒴果圆锥形，种子肾状卵形，黑褐色。

幼 苗 子叶椭圆形或卵形，先端钝圆，无明显叶脉，稍肉质，带紫红色；初生叶2片，对生，倒卵形，缘具波状红色狭边，基部楔形，具短柄。幼苗体内多汁液，折断茎叶易于溢出。

生态特征 一年生草本，种子繁殖。4月开始出苗，5月和9月各有一个发生高峰，花果期5—10月，一年内可发生2～3代，种子量极大。

分布与危害 遍布全国。在土壤肥沃的蔬菜地和大豆、棉花地危害严重，为秋收旱作物田的主要杂草，在华北地区危害程度最高。

（五）苋科杂草

38. 反枝苋 *Amaranthus retroflexus* L.

英文名 Redroot pigweed

俗　名 西风谷、野苋菜、人苋菜

形态特征 成株株高 20～80 cm，茎直立，单一或分枝，稍显钝棱，密生短柔毛；叶互生，具短柄，叶片菱状卵形或椭圆状卵形，先端锐尖或微凹，基部楔形，全缘或波状缘；圆锥花序较粗壮，顶生或腋生，由多数穗状花序组成；胞果扁球形，包裹在宿存的花被内，开裂；种子倒卵形至圆形，略扁，黑色，有光泽。

幼　苗 子叶披针形，背面紫红色；初生叶 1 片，先端钝圆，具微凹，叶缘微波状，背面紫红色；后生叶顶端凹缺，具睫毛。

生态特征 一年生草本，种子繁殖。出苗 4—9 月，花果期 6—9 月。

分布与危害 适应性强，分布华北、东北、华东、华中及贵州和云南等地，主要危害棉花、花生、豆类、瓜类、薯类、玉米、蔬菜、果树等。

39. 凹头苋 *Amaranthus lividus* L.

英文名 Livid amaranth

俗　名 野苋

形态特征 成株株高 10～30 cm，全体无毛；茎伏卧而上升，从基部分枝，淡绿色或紫红色。叶片卵形或菱状卵形，顶端凹缺，基部宽楔形，全缘或稍呈波状。花簇生于叶腋，直至下部叶的腋部，生在茎端和枝端的花簇集成直立穗状花序或圆锥花序。胞果扁卵形，长 3 mm，不裂，微皱缩而近平滑，超出宿存花被片。种子环形，直径约 12 mm，黑色至黑褐色，边缘具环状边。

幼　苗 子叶长椭圆形，具短柄。初生叶阔卵形，先端平截，具凹缺，叶基阔楔形，具长柄。

生态特征 一年生草本，种子繁殖。出苗 5—6 月，花期 7—8 月，果期 8—10 月。

分布与危害 全国各地均有分布。主要危害棉花、大豆、甘薯、玉米、烟草和蔬菜，在果园和苗圃也常有发生。

40. 腋花苋 *Amaranthus roxburghianus* Kung

英文名　Roxburgh amaranth

俗　名　罗氏苋

形态特征　成株株高 30 ～ 60 cm，植株全体无毛或近无毛，斜卧地面，茎淡绿色或微带红色，略有纵沟；叶菱状卵形、阔椭圆形或倒卵形，顶端微凹，有芒尖，边缘浅波状，叶片上常有"一"字形白斑；叶柄纤细；短穗状花序腋生；苞片披针形，中肋在背部隆起；萼片长圆状倒披针形，边缘膜质，有芒尖；雄蕊略短于萼片；柱头反曲，子房长圆形；胞果阔卵形，皱缩，稍长于花萼，周裂；种子透镜形，黑色，光亮。

幼　苗　子叶长条形，无叶柄，茎红色。

生态特征　一年生草本，种子繁殖。花期 7—8 月，果期 8—9 月。

分布与危害　分布于河北、河南、陕西、山西、甘肃、四川、宁夏和新疆等地，部分蔬菜、棉花、豆类和玉米等作物田受害较重。

41. 皱果苋 *Amaranthus viridis* L.

英文名　Slender amaranth

俗　名　绿苋、野苋

形态特征　成株株高 20 ～ 30 cm，茎直立，常由基部散射出 3 ～ 5 个分枝。叶片卵形至卵状椭圆形，具柄，先端微凹，有一小芒尖，叶面常有"V"字形白斑，背面淡绿色。腋生穗状花序，或集成大型顶生圆锥花序。胞果扁圆形。

生态特征　一年生草本，种子繁殖。出苗 3—4 月，花期 6—10 月，7 月果实开始逐渐成熟，一株可产 2 万多粒。

分布与危害　分布广泛，适应能力强，为农田常见杂草。

42. 白苋 *Amaranthus albus* L.

英文名　Tumble pigweed

俗　名　绿苋菜、细枝苋

形态特征　株高达 50 cm。茎基部分枝，分枝铺散，绿白色，无毛或被糙毛。叶长圆状倒卵形或匙形，长 0.5～2 cm，先端圆钝或微凹，具穗状花序；苞片钻形，长 2～2.5 mm，稍坚硬，先端长锥尖；外曲，背面具龙骨。花被片长 1 mm，稍薄膜状，雄花花被片长圆形，先端长渐尖，雌花花被片长圆形或钻形，先端短渐尖；雄蕊伸出；柱头 3。胞果扁平，倒卵形，长 1.2～1.5 mm，黑褐色，皱缩，环状横裂。种子近球形，直径约 1 mm，黑色或黑褐色，边缘锐。

生态特征　一年生草本，种子繁殖。花期 7—8 月，9 月果实开始逐渐成熟。

分布与危害　原产北美，分布于我国黑龙江、辽宁、河北、河南、新疆等地，已野化，生于海拔 500 m 以下家宅附近、路边及荒地。新疆棉田偶见。

（六）大戟科杂草

43. 地锦 *Euphorbia humifusa* Wiud.

英文名 Creeping euphorbia

俗 名 铺地锦、千根草、小红筋草、奶汁草

形态特征 全株灰绿色，匍匐茎，由基部多次叉状分枝，常带紫红色，无毛或疏生柔毛；叶对生，长圆形或倒卵状长圆形，基部不对称，先端钝圆，边缘有细锯齿，背面疏被柔毛或无毛；杯状聚伞花序，单生于小枝叶腋内，总苞倒圆锥形，浅红色，具裂齿；雄花极小，5～8枚；雌花1枚，子房无毛；蒴果三棱状球形，种子卵形，褐色。

幼 苗 子叶1对，对生，长椭圆形，先端平截，无毛；第一、第二真叶与子叶很近，似四叶轮生。

生态特征 一年生草本，花期6—9月，果期7—10月，种子繁殖。

分布与危害 除海南省外，遍布全国各地，主要危害棉花、大豆、蔬菜及果树等旱地作物。

44. 铁苋菜 *Acalypha australis* L.

英文名　Copperleaf

俗　名　海蚌含珠、叶里藏珠、小耳朵草、鸡蛋头

形态特征　成株株高 30 ~ 60 cm，茎直立，有分枝；单叶互生，卵状披针形或长卵圆形，先端渐尖，基部楔形，基部三出脉，叶缘有钝齿，茎与叶上均被柔毛；穗状花序腋生；花单性，雌雄同株，无花瓣；雄花在上，穗状；雌花在下，生于叶状苞片内，花萼 3 裂，子房球形，有毛；蒴果钝三棱形，淡褐色，有毛；种子卵球形，灰褐色。

幼　苗　子叶长圆形，先端平截，基部近圆形，无毛，具长柄；初生叶 2 片，对生，卵形，叶缘锯齿状。

生态特征　一年生草本，种子繁殖。花期 5—7 月，果期 7—11 月。

分布与危害　分布全国，长江流域尤多，为秋熟旱作物田主要杂草，主要危害棉花、大豆、玉米、甘薯及蔬菜等。

（七）锦葵科杂草

45. 苘麻 *Abutilon theophrasti* Medicus

英文名 Velvetleaf；China jute；Buttonweed；Pie-marker；Indian mallow

俗　名 青麻、白麻、冬葵子

形态特征　成株株高 100～200 cm，茎直立，上部有分枝，有柔毛；叶互生，圆心形，先端尖，基部心形，两面均密生柔毛；叶柄长 8～18 cm；花单生于叶腋，花梗细长；花萼杯状，5 裂，花瓣 5 片，黄色，倒卵形；蒴果半球形。种子肾形，有瘤状突起，灰褐色。

幼　苗　子叶心形，具长叶柄，全株被毛。初生叶 1 片，呈阔卵形，叶缘有钝齿。

生态特征　一年生草本，种子繁殖。出苗 4—6 月，花期 5—9 月，果期 6—10 月。

分布与危害　分布全国各地。主要危害玉米、棉花、豆类、谷类、蔬菜等作物。

46. 野西瓜苗 *Hibiscus trionum* L.

英文名　Venice mallow

俗　名　香铃草、小秋葵、打瓜花、山西瓜秧

形态特征　成株株高 30 ~ 60 cm，茎柔软，多分枝，常横卧或斜生，基部的分枝常铺散，具白色星状粗毛。叶互生，具长柄。基部叶近圆形，边缘具齿裂，中部和下部的叶掌状，3 ~ 5 深裂，中间裂片较大，裂片倒卵状长圆形，先端钝，边缘具羽状缺刻或大锯齿。花单生于叶腋，花瓣白色或淡黄色。蒴果圆球形。种子成熟后黑褐色。

幼　苗　子叶近圆形或卵形，有柄，具毛。初生叶 1 片，近方形，先端微凹，叶缘有钝齿。

生态特征　一年生草本。出苗 4—5 月，花果期 6—8 月。

分布与危害　全国各地广泛分布。为旱作物地常见杂草。

（八）茄科杂草

47. 龙葵 *Solanum nigrum* L.

英文名 Black nightshade

俗　名 野茄秧、老鸦眼子、苦葵、黑茄

形态特征 成株株高 30 ～ 100 cm，植株粗壮，茎直立，多分枝，绿色或紫色，无毛；叶对生，卵形，全缘或具不规则的波状粗齿，两面光滑或有疏短柔毛；短蝎尾状聚伞花序侧生或腋外生，通常着生 4 ～ 10 朵花；花萼杯状，绿色，5 浅裂；花冠白色，辐状，5 裂；雄蕊 5 枚，生于花冠口，花药黄色，花柱中部以下有白色茸毛；浆果球形，熟时黑色，种子近卵形，压扁状，淡黄色。

幼　苗 子叶阔卵形，叶缘有混杂毛；初生叶 1 片，有明显羽状脉和密生短柔毛。

生态特征 一年生草本，种子繁殖。在我国北方，4—8 月均可出苗，花果期 5—9 月。

分布与危害 分布全国各地，是棉花、豆类、薯类、蔬菜、瓜类等作物田常见杂草，发生量小，危害一般；而在新疆部分植棉地区是棉田的主要危害性杂草。

48. 北方枸杞 *Lycium chinense* var. *potaninii* (*Pojarkova*) A. M. Lu.

英文名　Matrimonyvine

俗　名　苟起子、甜菜子、西枸杞、狗奶子、红青椒、枸蹄子、枸杞果、地骨子、枸茄茄、红耳坠、血枸子、枸地芽子、枸杞豆、血杞子、津枸杞

形态特征　成株株高 50 ~ 150 cm，落叶有刺小灌木，茎直立。枝细弱，弓状弯曲或下垂，淡灰色，有纵条和棘刺；叶互生或簇生于短枝上，叶片卵形、卵状菱形或卵状披针形，先端急尖，基部渐窄楔形，全缘，两面均无毛；花簇生于叶腋。花萼钟状，花冠淡紫色，漏斗状；浆果卵形或长椭圆形，成熟时红色；种子扁肾形，黄白色。

生态特征　根芽和种子繁殖。花期 8—10 月，果期 10—11 月。

分布与危害　分布在河北、山西、陕西、内蒙古、宁夏、甘肃、青海和新疆等地，常生于田边、沟旁、向阳山坡。

49. 曼陀罗 *Datura stramonium* L.

英文名　Jimsonweed

俗　名　满达、醉心花、大喇叭花、山茄子、洋金花

形态特征　成株株高 100 ~ 200 cm，茎直立，粗壮，圆柱形，光滑无毛；叶互生，具长柄，叶片卵形，全缘或有不规则的波状浅裂，裂片三角形，有时有疏齿，脉上有疏短柔毛；花单生于叶腋，花萼筒状，5 齿裂，花冠漏斗状，下半部淡绿色，上半部白色或淡紫色，5 浅裂；蒴果直立，卵状表面生有坚硬的针刺，或稀仅粗糙而无针刺，成熟后为规则的 4 瓣裂；种子卵圆形，稍扁，黑色，略有光泽，表面具粗网纹和小凹穴。

幼　苗　子叶披针形，具短柄，全株被毛。初生叶 1 片，长卵形或披针形，全缘，具短柄。

生态特征　一年生草本，有时为亚灌木，种子繁殖。5 月上旬达出苗高峰，花期 6—10 月，果期 7—11 月。

分布与危害　我国南北各地均有分布。适生于山坡向阳处，为旱地、果园、荒地、路旁杂草，主要危害棉花、豆类、薯类、蔬菜等。

（九）旋花科杂草

50. 田旋花 *Convolvulus arvensis* L.

英文名　Field bindweed

俗　名　箭叶旋花

形态特征　具直根和根状茎，直根入土深，根状茎横走；茎蔓性，缠绕或匍匐生长，有纵纹及棱角，无毛或上部被疏柔毛；叶互生，具柄，叶片形状多变，长圆形至披针形，先端钝或具小尖头，基部大多戟形，或为箭形及心形，全缘或 3 裂，侧裂片展开，微尖，中裂片卵状椭圆形、狭三角形或披针状长圆形，微尖或近圆；花序腋生，有花 1～3 朵，具细长梗，萼片 5，花冠漏斗状，粉红色；蒴果卵状球形或圆锥形，无毛。种子 4 颗，卵圆形，暗褐色或黑色。

幼　苗　子叶与田旋花相似；初生叶 1 片，长椭圆形，先端圆，基部两侧稍向外突出成距。

生态特征　多年生缠绕草本，地下茎及种子繁殖。根芽 3—4 月出苗，种子 4—5 月出苗，花期 5—8 月，果期 6—9 月。

分布与危害　分布于东北、华北、西北、四川、西藏等地，为旱作物地常见杂草，主要危害小麦、棉花、豆类、玉米、蔬菜及果树等。

51. 菟丝子 *Cuscuta chinensis* Lam.

英文名　Dodders

俗　名　朱匣琼瓦、禅真、雷真子、无娘藤、无根藤、无叶藤、黄丝藤、鸡血藤、金丝藤、无根草、山麻子、豆阎王、龙须子、豆寄生、黄丝、日本菟丝子

形态特征　茎黄色，纤细，径约 1 mm。花序侧生，少花至多花密集成聚伞状伞团花序，花序无梗；苞片及小苞片鳞片状。花梗长约 1 mm；花萼杯状，中部以上分裂，裂片三角状，长约 1.5 mm；花冠白色，壶形，长约 3 mm，裂片三角状卵形，先端反折；雄蕊生于花冠喉部，鳞片长圆形，伸至雄蕊基部，边缘流苏状；花柱 2，等长或不等长，柱头球形。蒴果球形，直径约 3 mm，为宿存花冠全包，周裂。种子 2 ～ 4，卵圆形，淡褐色，长 1 mm，粗糙。

生态特征　一年生寄生草本，常寄生豆科、菊科、藜科等植物。

分布与危害　分布于黑龙江、吉林、辽宁、河北、山西、陕西、宁夏、甘肃、内蒙古、新疆等地，为大豆产区的有害杂草，对胡麻、苎麻、花生、马铃薯等农作物也有危害。

（十）木贼科杂草

52. 节节草 *Equisetum ramosissimum* Desf.

英文名　Horsetail；Branched horsetail

俗　名　土木贼、锁眉草、笔头草、土麻黄、通气草

形态特征　茎分根状茎和地上茎两部分。根状茎黑色，横卧地表下，节间生有不定根。地上茎直立，单生或丛生，高达 70 cm，茎直径 1 ～ 3 mm，灰绿色，肋棱 6 ～ 16 条；中部以下多分枝，分枝常具 2 ～ 5 小枝。叶退化，下部合成筒状鞘，似漏斗状，亦具棱；鞘口随棱纹分裂成长尖三角形的裂齿，齿短，外面中心部分及基部黑褐色，先端及缘渐成膜质，常脱落。孢子囊穗长圆形，有总梗，遇水弹开，以便繁殖。

生态特征　多年生草本。以根茎或孢子繁殖。根茎早期 3 月发芽，4 月产孢子囊穗，成熟后散落，萌发。

分布与危害　广泛分布各地，喜近水，为农田杂草，常见于潮湿的路旁、溪边、水田的田埂上。新疆棉田偶见，发生量小，危害不大。

（十一）蒺藜科杂草

53. 蒺藜 *Tribulus terrestris* L.

英文名 Caltrop；Puncturevine caltrop；Puncture vine

俗　名 蒺藜子、即藜、三角刺、拦路虎、鬼头刺

形态特征 成株全株密被灰白色柔毛，茎匍匐，由基部分枝，平卧，长达 1 m，表面有纵纹；双数羽状复叶，对生，有叶柄和小叶柄，托叶小，披针形，边缘半透明状膜质；花单生叶腋间，花枝短，萼片 5 枚，卵状披针形，边缘膜质透明，花瓣 5 片，黄色；蒴果由 5 个分果瓣组成，扁球形，每果瓣具长短棘刺各 1 对，背面有短硬毛及瘤状突起。

幼　苗 除子叶外，其余均被毛。子叶长圆形，先端平截或微凹，基部楔形，叶下面灰绿色，上面绿色，主脉凹陷，具短柄。初生叶 1 片，具有 4～8 对小叶的双数羽状复叶。

生态特征 一年生或二年生匍匐草本植物。花期 5—8 月，果期 6—9 月。

分布与危害 国内分布于山东、河南、河北、安徽、江苏、山西、陕西、四川等地，以长江以北分布最为普遍。

54. 细茎驼蹄瓣 *Zygophyllum brachypterum* Kar. et Kir

俗　名　细茎霸王

形态特征　株高 15～25 cm，根木质，粗壮，多数。茎细弱，直立或开展，多分枝。托叶卵形，长 3～5 mm；叶柄短于或等于叶片，具翼；小叶 1 对，矩圆形或倒披针形；长 1.5～2.5 cm，宽 5～6 mm，质薄，先端圆钝。花梗长 10～15 mm，1～2 个生于叶腋；萼片 5，不等长，长 7～9 mm；花瓣 5 枚，卵圆形，长 4～5 mm；雄蕊显著长于花瓣，长 10～12 mm，鳞片细深裂。蒴果圆柱形或矩圆形，长 10～16 mm，粗约 5 mm，具 5 棱，先端钝。种子近肾形，长约 3 mm，宽 1.5～2 mm。

生态特征　多年生草本，花期 5—6 月，果期 7 月。

分布与危害　分布于新疆。生于荒漠地带山坡下部、河谷。

（十二）莎草科杂草

55. 扁秆藨草 *Scirpus planiculmis* Fr. Schmidt

英文名 River bulrush

俗　名 水莎草、三棱草

形态特征 具匍匐根状茎和块茎。秆高 60～100 cm，一般较细，三棱形，平滑，靠近花序部分粗糙，基部膨大，具秆生叶。叶扁平，宽 2～5 mm，向顶部渐狭，具长叶鞘。叶状苞片 1～3 枚，常长于花序，边缘粗糙；长侧枝聚散花序短缩成头状，或有时具少数辐射枝，通常具 1～6 个小穗；小穗卵形或长圆状卵形，锈褐色，长 10～16 mm，宽 4～8 mm，具多数花；雄蕊 3 枚，花药线形，长约 3 mm，药隔稍凸出于花药顶端；花柱长，柱头 2 裂。小坚果宽倒卵形，或倒卵形，扁，两面稍凹或稍凸，长 3～3.5 mm。

生态特征 多年生草本，种子及块茎繁殖。花期 5—6 月，果期 7—9 月。

分布及危害 广泛分布在东北、华北以及江苏、浙江、云南等地区，以及新疆的南北疆平原绿洲上，其在新疆棉田危害极重。扁秆藨草本身是稻田杂草，由于有较多的水稻田改种棉花，使其成为新疆棉田中的主要杂草。而棉田膜下滴灌为扁秆藨草提供了湿暖的生态环境，部分棉田发生较重，严重影响了棉花苗期的营养吸收。

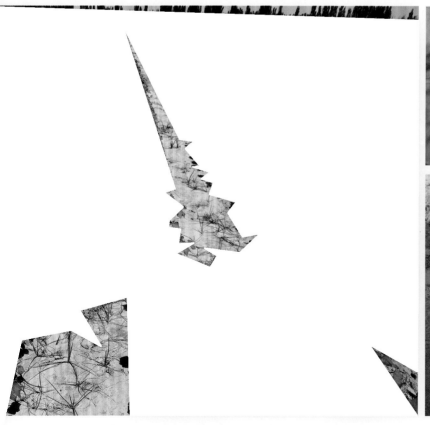

（十三）十字花科杂草

56. 荠 *Capsella bursa-pastoris* (L.) Medic.

英文名　Shepherd's-purse

俗　名　扁锅铲菜、荠荠菜、地丁菜、地菜、荠菜、靡草、花花菜、菱角菜

形态特征　成株株高 20 ～ 50 cm，茎直立，有分枝，稍有分枝毛或单毛。基生叶丛生，呈莲座状，具叶柄；叶片大头羽状分，顶生裂片较大，卵形至长卵形，侧生裂片较小，狭长，呈圆形至卵形，先端渐尖，浅裂或具有不规则粗锯齿；茎生叶狭披针形，基部抱茎，边缘有缺刻或锯齿，两面有细毛或无毛。总状花序顶生或腋生；花瓣白色，4 枚，呈"十"字排列。短角果，倒三角形或倒心形；种子长椭圆形，淡红褐色。

幼　苗　子叶椭圆形，先端圆，基部渐狭至柄，无毛。初生叶 2 片，卵形，灰绿色，具柄宽楔形，具柄，叶片及叶柄均被有分枝毛。

生态特征　越年或一年生草本，种子繁殖。华北地区 4—6 月为花果期。

分布与危害　遍布全国。适于较湿润而肥沃的环境，亦耐干旱，常集群生长。在华北地区主要危害小麦、油菜、蔬菜等，果园也有生长。长江流域及西南地区倒荐麦和油菜田发生较多，也是蔬菜地主要杂草。

57. 播娘蒿 *Descurainia sophia* (L.) Webb. Ex Prantl

英文名　Flixweed

俗　名　大蒜芥、米米蒿、麦蒿

形态特征　成株株高 20 ～ 100 cm，茎直立，上部多分枝，全体有叉状毛。叶互生，下部有叶柄，上部无叶柄；叶片 2 ～ 3 回羽状深裂，末位裂片窄条状长圆形，叶被多毛，灰绿色；花序总状顶生，花梗细长。长角果狭条形；瘦果圆形或椭圆形，淡红褐色。

幼　苗　子叶长椭圆形，先端钝，基部渐狭，具柄。初生叶 2 片，叶片 3 ～ 5 裂，中间裂片大，两侧裂片小，全株密被星状毛。

生态特征　越年或一年生草本，种子繁殖。华北地区 10 月出苗，翌年 4—6 月为花果期。

分布与危害　适于较湿润的环境，常与荠菜、米瓦罐等杂草生长在一起，有时集群成单一的优势种群落，主要危害小麦、油菜、蔬菜及果树。在华北地区是小麦的主要恶性杂草之一，也是油菜茎象甲的传播媒介。

（十四）蓼科杂草

58. 皱叶酸模 *Rumex crispus* L.

英文名　Curly dock

俗　名　洋铁叶子、四季菜根、牛耳大黄根、火风棠、羊蹄根、羊蹄、牛舌片

形态特征　成株株高 40 ～ 80 cm。根粗大，断面黄棕色，味苦。茎直立，有浅沟槽，通常不分枝，无毛。根生叶有长柄；叶片披针形或长圆状披针形，两面无毛，顶端和基部都渐狭，边缘有波状皱褶；茎上部叶小，有短柄；托叶鞘，管状，膜质。花序由数个腋生的总状花序组成圆锥状，顶生狭长，长达 60 cm；花两性，多数；花被片 6，排成 2 轮，内轮花被片在果时增大，顶端钝或急尖，基部心形，全缘或有不明显的齿，有网纹。瘦果椭圆形，有 3 棱，顶端尖，棱角锐利，褐色，有光泽。

生态特征　一年生草本，种子繁殖。花果期 6—9 月。

分布与危害　分布于我国东北、华北、西北及内蒙古、福建、广西、台湾、四川、云南等地。喜生于山坡湿地、沟谷、河岸或田边、路旁。为常见的果园及路埂杂草，危害轻。对小麦、蔬菜和幼林危害较重。

59. 萹蓄 *Polygonum aviculare* L.

英文名 Prostrate knotweed

俗 名 竹片菜

形态特征 茎平卧、上升或直立，高 10 ～ 40 cm，自基部多分枝，具纵棱。叶椭圆形、狭椭圆形或披针形，顶端钝圆或急尖，基部楔形，边缘全缘，两面无毛，下面侧脉明显；叶柄短或近无柄，基部具关节；托叶鞘膜质，下部褐色，上部白色，撕裂脉明显。花单生或数朵簇生于叶腋，遍布于植株；苞片薄膜质；花梗细，顶部具关节；花被 5 深裂，花被片椭圆形，绿色，边缘白色或淡红色；雄蕊 8 枚，花丝基部扩展；花柱 3，柱头头状。瘦果卵形，具 3 棱，黑褐色，密被由小点组成的细条纹，无光泽，与宿存花被近等长或稍超过。

生态特征 一年生草本。花期 5—7 月，果期 6—8 月。

分布与危害 产全国各地。生田边路、沟边湿地。北温带广泛分布。

（十五）紫草科杂草

60. 附地菜 *Trigonotis peduncularis* (Trev.) Benth. ex Baker et Moore

俗　名　鸡肠、鸡肠草、地胡椒、雀扑拉

形态特征　成株株高 5 ~ 30 cm。茎通常自基部分枝，枝纤细，匍匐、直立或丛生，具平伏细毛。叶互生，匙形、椭圆形或披针形，先端圆钝或尖锐，基部狭窄，两面均具平伏粗毛；下部叶具短柄，上部叶无柄。总状花序顶生，先端常成尾卷状，花冠淡蓝色。小坚果三角状锥形，棱尖锐，黑色。

生态特征　越年生或一年生草本，种子繁殖。秋季或早春出苗，花期 3—6 月，果实 5—7 月。

分布与危害　分布全国各地，生平原、丘陵草地、林缘、田间及荒地。为麦田、菜田、果园、茶园、草坪常见杂草，部分农作物受害较重。

61. 椭圆叶天芥菜 *Heliotropium ellipticum* Ledeb.

英文名 Heliotrope

形态特征 株高 20 ～ 50 cm，茎直立或斜生，自茎基部分枝，被向上反曲的糙状毛或短梗毛；叶椭圆形或椭圆状卵形，长 1.5 ～ 4 cm，宽 1 ～ 2.5 cm，先端钝或尖，基部宽楔形或圆形，上面绿色，被稀疏短硬毛，下面灰绿色，密被短硬毛；叶柄长 1 ～ 4 cm；镰状聚伞花絮顶生及腋生，2 叉状分枝或单一，长 2 ～ 4 cm；花无梗，在花序枝上排为二列；萼片狭卵形或卵状披针形，果期不增大，不反折，被糙状毛；花冠白色，喉部稍收缩，裂片短，近圆形，花药卵状长圆形，无花丝，着生花冠筒基部以上 1 mm 处；子房圆球形，具明显的短花柱，柱头长圆锥形，不育部分被短伏毛，下部膨大的环状部分无毛；核果直径 2.5 ～ 3 mm，分果卵形，具不明显的皱纹及细密的疣状突起。

生态特征 多年生草本，花果期 7—9 月。

分布与危害 主要分布于新疆地区，低山草坡、路旁、山沟及河谷等处，海拔 700 ～ 1 100 m。

（十六）茜草科杂草

62. 猪殃殃 *Galium spurium* L.

英文名 Catchweed bedstraw

俗 名 拉拉藤、爬拉殃、八仙草

形态特征 成株茎多自基部分枝，四棱形，棱上和叶背中脉及叶缘均有倒生细刺。叶4～8片，轮生，线状倒披针形，顶端有刺渐尖，表面疏生细刺毛。聚伞花序腋生或顶生，花瓣黄绿色。果实球形，种子褐色。

幼 苗 子叶长圆形，先端有一小凹尖。初生叶4片轮生，阔卵形，先端钝尖，具睫毛，具柄宽楔形。

生态特征 一年或二年生蔓状或攀援状草本。种子繁殖，以幼苗或种子越冬。多于冬前9—10月出苗，亦可在早春出苗，4—5月现蕾开花，果期5个月。

分布与危害 分布最北至辽宁，南至广东、广西。为夏熟旱作物田恶性杂草。华北、西北及淮河流域地区麦田和油菜田有大面积发生和危害，长江流域以南地区危害局限于山坡地的麦类和油菜，对麦类作物的危害性要大于油菜。攀援植物，不仅和作物争阳光、争空间，且可引起作物倒伏，造成更大的减产，并且影响作物的收割。

（十七）豆科杂草

63. 广布野豌豆 *Vicia cracca* L.

英文名 Vetch

俗　名 山落豆秧、鬼豆角、草藤、灰野豌豆

形态特征 成株茎攀缘，具棱，多分枝。羽状复叶有卷须，长圆形或狭倒卵状长圆形，先端截形或微凹，具小凸尖，基部钝或宽楔形，背面有短柔毛；托叶多歪斜。总状花序腋生，有花2～4朵；花萼斜钟形，萼齿5，宽三角形，上面2齿较短，疏生长柔毛；花冠紫色或蓝色，有长柄，花柱顶端周围有柔毛。荚果长圆形，黄褐色，膨胀，有柄；种子3～8颗，扁圆形，深褐色，无光泽。

生态特征 一年生或多年生蔓性草本，花期5—7月，果期6—8月。

分布与危害 分布于东北、华北和山东、河南、陕西、甘肃、四川等地。生于农田边、路旁或湿草地。果园、菜地、苗圃或麦田中常见，多为小片群落。

64. 骆驼刺 *Alhagi sparsifolia* Shap.

英文名　Camelthorn

俗　名　骆驼草

形态特征　成株株高 25 ～ 80 cm，茎直立，从基部开始分枝，枝条平行上升，具细条纹，无毛或幼茎具短柔毛；叶互生，卵形、倒卵形或倒圆卵形，全缘，无毛，具短柄；总状花序腋生，花序轴变成坚硬的锐刺，刺长为叶的 2 ～ 3 倍，无毛；当年生的枝条的刺上具花 3 ～ 8 朵，老茎的刺上无花；苞片钻状；花萼钟状，被短柔毛，萼齿三角形或钻状三角形；花冠深紫红色；旗瓣倒长卵形，先端钝圆或截平，具短瓣柄；翼瓣长圆形；龙骨瓣与旗瓣约等长；子房线性，无毛；荚果线性，几无毛。

生态特征　多年生草本或半灌木，种子繁殖，在新疆一般 3 月下旬萌发，花期 5—7 月，果期 8—10 月。

分布与危害　分布于宁夏、新疆、甘肃、内蒙古，在南疆、东疆分布尤为广泛，生长于荒漠地区的沙地、河岸、农田边和低湿地，是盐化低地草甸草地的优势种，新疆部分地区棉田发生较重，防除难度大。

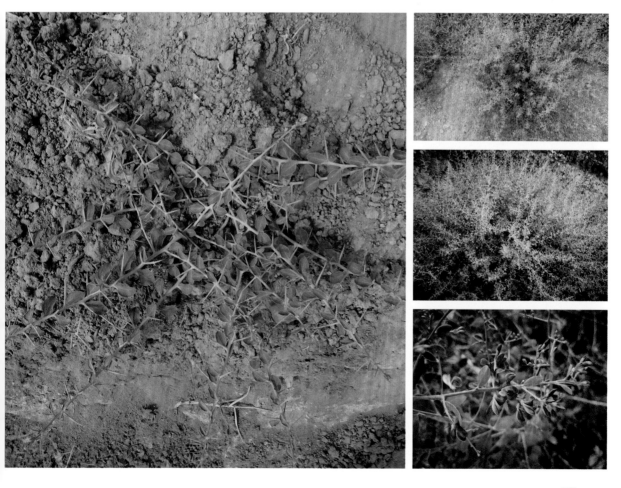

65. 苦马豆 *Sphaerophysa salsula* (Pall.) DC.

英文名 Swainsonpea

俗 名 泡泡豆、鸦食花、羊尿泡、羊萝泡、红花土豆子、爆竹花、红苦豆、羊吹泡

形态特征 茎直立或下部匍匐，成株株高 30～60 cm，稀达 130 cm；枝开展，具纵棱脊，被疏至密的灰白色丁字毛；托叶线状披针形，三角形至钻形，自茎下部至上部渐变小；叶轴上具沟槽；小叶 11～21 片，倒卵形至倒卵状长圆形，先端微凹至圆，具短尖头，基部圆至宽楔形，上面疏被毛至无毛，侧脉不明显，下面被细小、白色丁字毛；小叶柄短，被白色细柔毛；总状花序常较叶长，生 6～16 花；苞片卵状披针形；花梗密被白色柔毛，小苞片线形至钻形；花萼钟状，萼齿三角形，外面被白色柔毛；花冠初呈鲜红色，后变紫红色；荚果椭圆形至卵圆形，膨胀，先端圆，果瓣膜质，外面疏被白色柔毛，缝线上较密；种子肾形至近半圆形，褐色。

生态特征 多年生草本或半灌木，花期 5—8 月，果期 6—9 月。

分布与危害 分布于吉林、辽宁、内蒙古、河北、山西、陕西、宁夏、甘肃、青海、新疆，生于山坡、草原、荒地、沙滩、戈壁绿洲、沟渠旁及盐池周围，较耐干旱。新疆部分地区棉田偶有发生，危害较轻。

66. 苦豆子 *Sophora alopecuroides* L.

英文名　Sophora

俗　名　布亚

形态特征　成株株高约 100 cm，枝被白色或淡灰白色长柔毛或贴伏柔毛；羽状复叶，托叶着生于小叶柄的侧面，钻状，小叶 7 ～ 13 对，对生或近互生，纸质，披针状长圆形或椭圆状长圆形，先端钝圆或急尖，常具小尖头，基部宽楔形或圆形，上面被疏柔毛，下面毛被较密，中脉上面常凹陷，下面隆起，侧脉不明显；总状花序顶生；花多数，密生；苞片似托叶，脱落；花萼斜钟状，5 萼齿明显，不等大，三角状卵形；花冠白色或淡黄色；荚果串珠状，直；种子多数，卵球形，稍扁，褐色或黄褐色。

生态特征　草本，或基部木质化成亚灌木状，花期 5—6 月，果期 8—10 月。

分布与危害　分布于内蒙古、山西、陕西、宁夏、甘肃、青海、新疆、河南、西藏，多生于干旱沙漠和草原边缘地带。新疆部分地区棉田偶有发生，危害较轻。

67. 甘草 *Glycyrrhiza uralensis* Fisch.

英文名 Chinese licorice

俗　名 国老、甜草、乌拉尔甘草、甜根子

形态特征 茎直立，多分枝，高 30 ～ 120 cm，密被鳞片状腺点、刺毛状腺体及白色或褐色的绒毛，叶长 5 ～ 20 cm；托叶三角状披针形，两面密被白色短柔毛；小叶 5 ～ 17 枚，卵形、长卵形或近圆形，两面均密被黄褐色腺点及短柔毛，边缘全缘或微呈波状，多少反卷。总状花序腋生，具多数花，总花梗短于叶；花萼钟状，长 7 ～ 14 mm，基部偏斜并膨大呈囊状，萼齿 5，与萼筒近等长，上部 2 齿大部分连合；花冠紫色、白色或黄色，长 10 ～ 24 mm，旗瓣长圆形，顶端微凹，基部具短瓣柄，翼瓣短于旗瓣，龙骨瓣短于翼瓣；子房密被刺毛状腺体。荚果弯曲呈镰刀状或呈环状，密集成球，密生瘤状突起和刺毛状腺体。种子 3 ～ 11，暗绿色，圆形或肾形，长约 3 mm。根与根状茎粗状，直径 1 ～ 3 cm，外皮褐色，里面淡黄色，具甜味。

生态特征 多年生草本，以种子和根状茎繁殖，花期 6—8 月，果期 7—10 月。

分布与危害 分布于新疆、内蒙古、宁夏、甘肃、山西等地，常生于干旱沙地、河岸沙质地、山坡草地及盐渍化土壤中，危害棉花、果树、路边林带等。

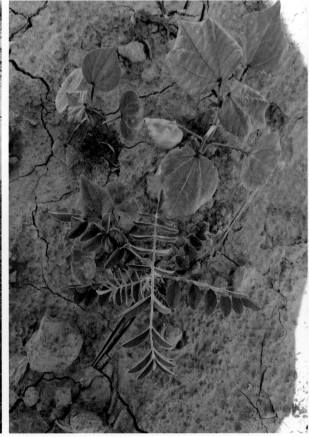

（十八）车前科杂草

68.车前 *Plantago asiatica* L.

英文名　Plantain

俗　名　车前草、车轮草

形态特征　成株株高 20～60 cm，具须根。叶基生，叶片卵形或宽卵形，先端圆钝，近全缘波状或有疏齿至弯曲，两面无毛或有短柔毛，具弧形脉 5～7 条，叶柄基部常扩大成鞘状。穗状花序占上端的 1/3～1/2，花疏生，绿白色或淡绿色。蒴果椭圆形，种子长圆形，黑色。

幼　苗　子叶长椭圆形，先端锐尖，基部楔形。初生叶 1 片，椭圆形，先端锐尖，基部渐狭至柄，柄较长，主脉明显。

生态特征　多年生草本。以种子繁殖，早春出苗，花果期 6—9 月。

分布与危害　分布全国各地，以长江流域更为普遍。部分低湿的秋作物田较多，危害较重。

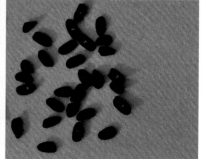

69. 平车前 *Plantago depressa* Willd.

英文名　Plantain

俗　名　车前草、车茶草、蛤蟆叶

形态特征　成株株高 5～20 cm，具直根，圆柱状。叶基生，平铺或直立，卵状披针形、椭圆形或椭圆状披针形，边缘疏生小齿或不整齐锯齿，稍被柔毛或无毛，具长柄。穗状花序长为花茎 1/3～1/2；花冠裂片先端 2 浅裂；蒴果圆锥形，种子长圆形。子叶长椭圆形，先端稍钝，基部楔形，叶面及叶柄疏生长柔毛。

幼　苗　初生叶 1 片，长椭圆形，先端锐尖，基部渐狭至叶柄，叶柄与叶片近等长或稍短，均有稀疏长毛。

生态特征　一年生或二年生草本。秋季或早春出苗，以种子繁殖或自根茎萌生。花期 6—8 月，果期 8—10 月。

分布与危害　分布于全国大部分地区。为果园常见杂草，有时也侵入菜地或夏作物田中。

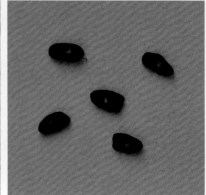

（十九）萝藦科杂草

70. 戟叶鹅绒藤 *Cynanchum sibiricum* Willd.

英文名　Swallowwort

俗　名　羊角子草

形态特征　藤本；根粗壮，圆柱状，土灰色；全株含白色乳汁；茎缠绕，下部多分枝，被短柔毛；叶纸质，对生，戟形或戟状心形，两面均被短疏柔毛；聚伞花序伞形或伞房状，腋生，花序梗长 3～5 cm；花萼披针形，外面被微柔毛，内面无毛；花冠外面白色，内面紫色，裂片短圆形或窄卵形或宽披针形；种子短圆形，棕色，顶端有白色绢质种毛。

生态特征　多年生缠绕藤本，以种子和地下根繁殖，花期 7 月，果期 8—10 月。

分布与危害　分布于河北、宁夏、新疆、甘肃等地，生长于海拔 900～1 350 m 的地区，一般生于绿洲地带的路边宅旁、河谷灌木丛、轻盐碱地与沙地边缘。危害棉花、果树、路边林带等。

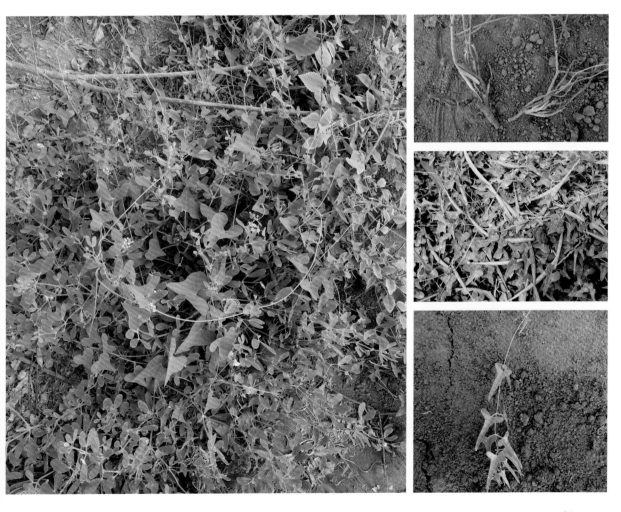

（二十）其他植物危害

北疆部分植棉区采取榆树作为防风林带或行道树，5 月底至 6 月中旬，榆树倒卵圆状翅果逐渐成熟，随风落入棉田，且在风力的作用下多集中在棉花出苗孔处，由于此时期棉田滴灌频繁，大量榆树幼苗在膜孔处萌发，严重影响棉花幼苗生长。因榆树苗靠近棉苗生长，不易使用除草剂防除，只能通过人工拔除，故需投入大量的劳力，极大地增加了生产成本，且人工拔除时常常将棉苗一并拔出。

第三章

新疆棉田杂草的防治

一、新疆棉田杂草防控发展历程

20 世纪 50—70 年代，新疆棉田采取露地直播种植方式，且粮棉套种面积较大，田间杂草防除主要采用人工拔草或锄草等方法直接杀死杂草，随着中耕机械的使用，杂草防除从单纯的人工除草过渡到人工和机械中耕相结合的防除方法。

20 世纪 70 年代末，新疆棉田引进地膜覆盖技术，除草药膜也被用于防除杂草。虽然地膜覆盖可将部分杂草闷死、烫死，但是由于土壤情况不同，铺膜的质量有好有坏，地膜覆盖抑制杂草的作用也有大有小，部分条田覆膜后，杂草仍能大量发生，且稗草等杂草顶膜力量较大，常将地膜撑起，降低了地膜的保温增墒作用，棉农不得不揭膜拔草，花费大量的人力物力。

化学除草作为棉花现代化栽培体系的重要组成部分，在棉田杂草防除中具有不可替代的作用。我国棉田化学除草起步较晚，20 世纪 50 年代末开始进行农田化学除草试验，主要对少数除草剂品种进行小面积多点试验和小范围示范，以筛选出适用于棉田的除草剂品种及相应的使用技术。20 世纪 70 年代中期以后，棉田化学除草进入示范推广阶段，伏草隆、敌草隆、除草剂一号、扑草净及除草醚等化学除草剂开始在棉田大面积使用。

20 世纪 80 年代初新疆棉田开展了氟乐灵化学除草试验，棉田杂草防除从人工和机械除草逐渐向机械和化学防除过渡，随着在棉田推广氟乐灵防除一年生禾本科杂草取得成功，化学除草面积逐年扩大，至 20 世纪 80 年代中期，全国棉田化学除草面积已发展到棉田总面积的 10% 左右。随着内地棉区推广使用的除草剂种类日益增多，新疆棉田也逐步引入了其他除草剂品种，如乙草胺、敌草隆、二甲戊灵等，20 世纪 90 年代，新疆棉田杂草防除以化学防除为主。

进入 21 世纪，新疆棉田杂草进入全化学防除时代。目前应用广泛、防效较好的棉田除草剂主要有土壤处理除草剂——甲草胺、乙草胺、乙氧氟草醚、异丙甲草胺、二甲戊灵、扑草净、敌草隆等；茎叶处理除草剂——稀禾啶、精吡氟禾草灵、草甘膦、氟吡甲禾灵、精喹禾灵、嘧草硫醚等。以上均为单剂，棉田优秀混剂有棉草宁（有效成分为乙草胺、噁草酮）、棉草灵（有效成分为丁草胺、噁草酮）、壮苗除草灵（有效成分为乙草胺、多效唑）、旱草灵（有效成分为乙草胺、乙氧氟草醚）等。并且多种药剂具有较好的互补效力，可以在田间直接混用，如敌草隆与除草醚、地乐胺与甲草胺、氟乐灵与扑草净、氟乐灵与敌草隆、甲草胺与绿麦隆、绿麦隆与除草醚等。

二、新疆棉田杂草综合防治

虽然化学除草是当前新疆棉田最主要的杂草防除方式，但是为了避免杂草抗药性的产生、降低除草剂药害发生等，新疆棉田杂草防除应采取"预防为主、多种措施并举"的杂草综合防控技术（Integrated Weed Management，IWM），即以作物增产增收和除草剂减量控害为目标，综合使用多种杂草防控技术以达到防治所有杂草的目的。坚持综合防控，应结合轮作、翻耕整地等农业措施，发挥天敌控草等生态控草作用，降低杂草发生基数，减轻化学除草压力。同时，大力推广除草剂减量使用技术，选用高效安全除草剂并适期施药，提升防效，杜绝超剂量使用，努力降低除草剂药害，保障安全。

（一）农业防治措施

1. 秋翻除草

秋翻可防除一年生杂草和多年生杂草。在草荒严重的农田和荒地，在棉花收获后进行翻耕约 20 cm，改变杂草的生态环境，将一年生杂草种子由土壤表层翻至土壤深层，减少杂草萌发危害。在棉田发生的马唐、牛筋草、马齿苋、蒺藜、反枝苋、灰绿藜、狗尾草等的种子集中在 0～3 cm 土层中，只要温湿度合适，就可出土危害，一旦深翻被埋至土壤深层，出苗率将明显降低，从而降低危害。同时，通过深翻，可破坏刺儿菜、芦苇、田旋花、扁秆藨草等多年生杂草地下繁殖器官，或翻至地表，经过风刮日晒，失去水分严重干枯，经冷冻、动物取食等而丧失活力，再加上耙耱、人工捡拾等可使杂草大量减少，发生量明显降低，有效防治多年生杂草。

2. 地膜覆盖除草

地膜覆盖在增温保墒、培育壮苗的同时可以有效阻止杂草生长，尤其是可杀死多数阔叶杂草。地膜覆盖时，应保证膜的完整性，若机械或人为外力损坏地膜，应及时用土封洞，以防影响除草效果。除草膜的推广和应用更加充分地体现了农膜的除草作用。

3. 清除杂草来源

田边、路旁、田埂、井台及渠道内外的杂草都是棉田杂草的重要来源，它们的种子可通过风力、流水、人畜活动等带入田间，或通过地下根茎的蔓延向田间扩散，故必须认真清除棉田四周的杂草，特别是在杂草种子尚未成熟之前可结合耕地、人工拔除等措施，或者喷施灭生性除草剂，及时清除杂草，防止其扩散。同时，清除田间地头的杂草，可减少越冬虫源或害虫的桥梁寄主，有效防止病虫害的扩散蔓延。

（二）生态防治措施

新疆棉田杂草的生态防治措施主要是轮作倒茬除草。通过科学的轮作倒茬，使原来生长良好的优势杂草种群处于不利的环境条件下而使其减少或灭绝。例如稻棉轮作，由于稻田长期积水，可把扁秆藨草、刺儿菜和田旋花等多年生杂草的块根、根茎、根芽淹死，杂草发生量可减少 80% 以上，这是防除多年生旱田杂草的简单易行、高效彻底的好办法；由于目前玉米田已有多种除草剂可防除多种阔叶杂草和莎草，若棉花与玉米轮作，在玉米田有效地控制住多年生阔叶杂草以后再种棉花，就会显著减轻棉田草害防除的压力。

（三）物理防治措施

1. 中耕除草

中耕除草是传统的棉田除草方法，生长在作物田间的杂草通过机械中耕可及时去除。中耕除草针对性强、干净彻底、技术简单，不但可以防除杂草，而且为棉花提供了良好的生长条件。中耕适期是草越小越好，棉花头水后在宜墒期及时中耕，中耕次数一般以 2 ～ 3 次为宜。棉花现行后应及时机械中耕松土，中耕 1 次，深度 15 cm 左右。棉花蕾期，壤土和黏土有机棉田，蕾期中耕 1 次，深度 15 cm 左右；沙壤土有机棉田可中耕 1 次或不中耕。农民在中耕除草中总结出"宁除草芽、勿除草爷"，即要把杂草消灭在萌芽时期。

2. 人工除草

在劳动力较充裕时，可结合田间作业如放苗、定苗等拔除膜上和行间杂草，并及时用土封洞，充分发挥地膜覆盖的灭草效果。特别是在中耕除草后或使用灭生性除草剂后，对靠近棉株的杂草更需要人工拔除。在棉田灌二水后，机械中耕无法进行，掌握适墒期，采取人工辅助拔除杂草也是防除杂草的有效措施。人工除草虽然费工、费时，但作为一种辅助的措施还是十分必要的。

大多数一年生杂草能产生数量巨大的种子，入秋后在杂草种子成熟前人工拔除田间草龄较大的杂草，并带离棉田，避免成熟杂草种子落入田间，增加土壤中杂草种子量，加重来年杂草防除难度。

（四）生物防治措施

由于生物除草具有经济安全、效果持久、不污染环境、投资少等优点，生物除草剂的研究和开发受到了各国的广泛关注。生物除草包括植物源除草、动物源除草和微生物源除草。植物源除草主要是利用植物相克原理，采取轮作的方式，或者寻找、培育抗草除草的作物，充分利用作物本身的抗草除草特性进行草害防治。动物源除草主要是利用植食性昆虫食性的差异达到除草的目的。我国在昆虫除草方面取得了一定的成果，例如，新疆兵团农二师三十团利用尖翅小卷蛾（*Bactra phaeopis*）防除扁秆藨草；新疆兵团农二师农业科学研究所利用喜食扁蓄的角胫叶甲防除扁蓄，利用蓟跳甲防除刺儿菜等菊科杂草，利用龟甲幼虫防除田旋花等。但是由于昆虫生活史的特殊性，大大限制了昆虫除草剂的使用和除草效果。

比昆虫除草应用更广、效果更突出的是微生物源除草。目前，我国杂草科学工作者已筛选出了一批具有一定除草潜力的微生物菌株。山东省农业科学研究院筛选和应用一种专性寄生于菟丝子的真菌——胶孢炭疽菌制成"鲁保一号"菌剂，效果显著。南京农业大学从紫茎泽兰植株上分离、筛选出链格孢菌，其产生的杀草毒素 AAC-Toxin 对紫茎泽兰和检测的其他 25 种杂草都具有很强的致病性；并且成功开发了一种环保、高效的防除禾本科恶性杂草的生物除草剂敌散克（Disancu），已经获得了高达 90% 的田间试验效果。中国农业大学从稗草病株中分离出 13 个菌种，其中尖角突脐孢和弯孢菌种的除稗效果达 80% 左右，而对水稻等大部分作物安全。当前尚未商业化但很有应用前景，尤其是应用在棉田杂草防除上的病原真菌有：炭疽菌防除刺黄花稔；凋萎病真菌防除有距单花葵；决明链格孢菌针对性地防除决明；砖红镰刀菌防除苘麻等。

（五）转基因抗除草剂棉花

随着生物技术的发展，转基因抗除草剂作物以其易管理、除草效果明显、安全性高和保护环境等优点，得到了广泛的应用。自 1995 年和 1997 年美国率先开始种植转基因抗溴苯腈和抗草甘膦棉花以来，抗除草剂棉花在美国的种植面积占棉花总种植面积从 1995 年的 0.1% 增加到目前的 90% 以上，其中 70% 以上是转基因抗草甘膦棉花。目前，全世界已有 6 个抗不同除草剂的基因被成功地导入到敏感作物体内，已经培育出分别能抗草甘膦、草铵膦、磺酰脲、溴苯腈、2,4-D 的转基因棉花品种。当前，双重复合性状的抗虫（棉铃虫）抗除草剂（草甘膦）棉花和三重复合性状的抗除草剂（草甘膦、麦草畏和草铵膦）棉花品种也已培育成功，正在试种推广当中。尽管我国转基因抗除草剂作物开发与应用起步较晚，但经过多年研究和努力，目前已经获得一批稳定表达的单抗除草剂和具有抗虫抗除草剂复合性状的转基因棉花新材料，如中国农业科学院生物技术研究所郭三堆研究团队已经获得了转基因抗草甘膦抗虫棉花材料，并已经进入环境释放阶段，但我国没有释放任何转基因抗除草剂的作物品种。

转基因抗除草剂棉花应用后，可减少防治成本，经济效益明显。含抗除草剂基因的棉花品种推广开后，必要时一次施药，不论是一年生还是多年生杂草，都会取得理想的防治效果，将会给棉田杂草的化学防治带来极大方便。以转基因抗草甘膦棉花种植为例（表1），转基因抗草磷棉田全生育期仅需喷施草甘膦 2～3 次，而常规棉田一般需要喷施 1 次土壤处理除草剂和 2～3 次茎叶处理除草剂。若两种棉田使用的茎叶处理除草剂种类相同，均为草甘膦，那么种植转基因抗草甘膦棉花可以节约人工成本约 20 元 / 亩（15 亩 =1hm²；1 亩 ≈667m²；全书同）、节约物化成本约 15 元 / 亩；如果常规棉田选用其他种类的茎叶处理除草剂，那么防治成本将更高（草甘膦防治成本约 5 元 / 亩，而精喹禾灵约 15 元 / 亩、精稳杀得约 8 元 / 亩）。再者，草甘膦一次喷施可以同时防除所有的杂草，而精喹禾灵等只能防除一年生禾本科杂草，对阔叶杂草和莎草等无效，若同时混用其他类型除草剂，防治成本将再次增加。此外，常规棉田使用除草剂之后，仍有部分杂草不能有效防除，如棉田行内杂草、草龄较大的杂草等，仍需进行人工除草或机械中耕除草，这些都将增加棉田杂草的防除成本。

此外，抗除草剂棉花的应用一定程度上可避免除草剂药害的发生。目前，棉田仍缺乏有效的防治阔叶杂草的除草剂，棉农通常选用草甘膦防治田间阔叶杂草，但是若操作不当，极易对棉花造成药害，轻者减产，重者绝收。而种植转基因抗除草剂棉花后，除草剂的使用更加灵活。目前，棉田土壤处理除草剂的使用量较大，有效解决了棉花苗期杂草的危害，但是土壤处理除草剂使用不当易对棉花造成药害，如乙草胺使用量过大，会导致棉苗生长受阻，需较长时间恢复正常生长，而转基因抗草甘膦棉田可以不必使用或减少使用土壤处理除草剂，降低了遭受除草剂药害的风险。

表 1　转基因抗草甘膦棉田与常规棉田杂草防除成本比较

杂草防除措施	转基因抗草甘膦棉田	常规棉田	节约成本（元/亩）	
			人力成本	物化成本
除草剂使用次数	棉花整个生育期喷施草甘膦2～3次	棉花播种前或播种后苗前喷施土壤处理除草剂1次，棉花生育期喷施茎叶处理除草剂2～3次	人工喷洒，按照每人每小时喷药1亩地，种植转基因抗草甘磷棉花可节约20元/亩	土壤处理除草剂以二甲戊灵为例，种植转基因抗草甘磷棉花可节约15元/亩
人工或机械除草	无	棉花生育期需3～5次中耕除草	人工除草，按照每人每小时除草0.5亩地，种植转基因抗草甘磷棉花可节约大概150元/亩	若机械中耕，按照10亩/小时，种植转基因抗草甘磷棉花可减少机械燃油投入50元/亩
合计	转基因抗草甘膦棉田比常规棉田杂草防除成本节约235元/亩			

　　抗除草剂棉花在美国、澳大利亚的应用，减少了除草剂的使用种类，生态效益明显。目前，国内研发较为成熟的转基因抗除草剂棉花为抗草甘膦棉花，其靶标除草剂草甘膦作为一种高效、低毒、广谱的非选择性叶面喷施的芽后除草剂，已成为当今世界上生产量最大的农药品种之一。草甘膦在其问世之初，主要应用于非粮食作物及免耕土壤上的除草。后来定向喷雾器械的发明，以及抗草甘膦转基因作物的研制成功和跨越式发展，草甘膦应用从非粮食作物转向粮食作物，从而用量大增。近年来，草甘膦在全球的使用正以每年20%的速度递增，目前各国还在扩大生产能力以满足全球草甘膦需求。我国自20世纪80年代中期开始在南方大部分棉区使用草甘膦以来，随着用药技术水平的不断提高，其使用量和使用面积不断扩大，目前我国各大棉区均有使用。随着抗草甘膦转基因作物的大面积推广，草甘膦的应用范围及用量逐年递增，草甘膦对生物及环境（包括土壤、水体、大气）的影响也越来越受到人们的关注。长期以来，由于能够被土壤中的无机和有机颗粒快速吸收和降解，草甘膦一直被认为对环境安全。因此，转基因抗草甘膦棉花的种植可以避免其他长残效除草剂的使用，减少除草剂对农作物和土壤造成的污染，保护生态环境。随着农业现代化水平的提高，农村劳动力大量城市化转移，棉花生产对抗除草剂品种的需求越来越强烈。转基因抗除草剂棉花势必将成为我国继抗虫棉之后有望推广的另一类转基因棉花产业化品种。

三、新疆棉田杂草的化学防治

（一）除草剂的分类

　　除草剂品种繁多，将除草剂进行合理分类，能帮助我们掌握除草剂的特性，从而能合理、有效地使用除草剂。

1.按施用时间分类

（1）土壤处理剂/封闭处理剂，也称为苗前处理剂，这类除草剂喷洒到土壤表面，以杀死未出土杂草，如二甲戊灵、氟乐灵等。此类除草剂对已出苗的杂草活性低或无效，若杂草已出苗，勿使用。

（2）茎叶处理剂，也称为苗后处理剂，这类除草剂在杂草出苗后施用，对出苗的杂草有效，但不能防除未出苗的杂草，如草甘膦、精喹禾灵等。

（3）土壤兼茎叶处理剂，也称苗后兼苗前处理剂，这类除草剂具有封、杀双重作用，如嗪草硫醚、乙氧氟草醚等。

2.按选择性分类

（1）选择性除草剂，是指在一定用量、一定条件下只能够杀死某些植物，而对其他植物没有危害的除草剂。选择性除草剂具有如下特点：① 杀草谱窄，一般情况下杀草谱越宽对作物的安全性越差。由于农田中杂草种类较多，所以一般需要两种或几种杀草谱不同的除草剂混合或搭配应用。② 选择性是相对的，用药量、环境条件、用药方法、用药时期、杂草及作物的发育状况等对其有很大的影响。且选择性是对某一种或几种作物而言，不可能对所有的作物都具有选择性。一般适用作物种类越多的除草剂，杀草谱越窄。

（2）非选择性除草剂或灭生性除草剂，是指在一定用量、一定条件下能够杀死绝大多数植物的除草剂。灭生性除草剂具有如下特点：① 杀草谱宽，正常情况下能够杀死绝大多数植物。② 灭生性除草剂也可根据其除草特性、杂草及作物发生特点，利用人工选择性（时差位差选择性）将其应用于农田中。③抗灭生性除草剂的作物品种，已经通过作物育种手段培育出来且已经在生产上推广应用，所以灭生性除草剂对某些作物品种来说可能是具有选择性。

3.按在植物体内的输导性能分类

（1）传导型除草剂，是指被植物吸收后能够在植物体内传导的除草剂。这类除草剂吸收部位和作用部位往往是分离的，药剂必须在吸收部位传导到作用部位才能发挥药效，所以影响除草剂在植物体内传导的因素都会影响其药效的发挥，如草甘膦、盖草能、扑草净等。传导型除草剂具有如下特点：① 药效发挥速度慢。药剂必须由吸收部位传导到作用部位才能发挥药效，所以需要时间较长。② 杀草彻底，对多年生杂草及大龄杂草效果好。由于药剂能够传导到整个植物体，所以整株植物都会被杀死。③ 作物药害较轻时表观症状不明显，但会影响产量。一般把药害症状不明显的药害称为隐性药害。④ 喷药质量要求相对较低，如果药量足够只要杂草的部分部位接触到药剂，整株杂草就会全部死亡。

（2）触杀型除草剂，亦称为非传导性除草剂，是指被植物吸收后不能在植物体内传导的除草剂，如敌稗、乙氧氟草醚、草铵膦等。触杀型除草剂具有如下特点：① 药效发挥速度快。药剂不经过传导直接发挥作用，吸收部位与作用部位在一起，所以需时短。② 杀草不彻底，对多年生杂草及大龄杂草效果不好。多年生及大龄杂草具再生能力，处于休眠状态的芽由于顶芽被杀死而开始萌发，形成新的植株。③作物药害较轻时表观症状也很明显，但一般不影响产量。④喷药质量要求相对较高，必须保证杂草植株所有部位都接触药剂才能将整株杂草杀死。

4. 按化学结构分类

目前应用的除草剂绝大多数为有机化合物，而有机化合物都有一定的化学结构，化学结构近似的由于其具有相同的特性，据此将除草剂按其化学结构进行分类。按化学结构分类有助于了解各类除草剂的特性。如苯氧羧酸类、芳氧（基）苯氧基丙酸类、环己烯酮类、酰胺类、取代脲类、三氯苯类、二苯醚类、联吡啶类、二硝基苯胺类、有机磷类、磺酰脲类等。

（二）棉田除草剂选用原则

由于棉花属于双子叶作物，对多种除草剂比较敏感，除草剂的选择和使用技术要求也比较严格。除草剂种类繁多，在除草剂选择时应遵循以下原则：① 根据杂草种类及杂草大小。多年生杂草和大龄杂草应选择茎叶处理的传导型除草剂；小粒种子的杂草在土壤墒情好时可选择封闭处理的除草剂。具体杂草种类应根据除草剂说明书的杀草谱情况选择推荐。② 根据土壤墒情。土壤墒情好可选择封闭处理除草剂，干旱时应选择茎叶处理的除草剂或茎叶兼土壤处理剂作茎叶处理。③ 应注意说明书中的注意事项，如使用剂量、防除对象、施药适期等信息。④ 混剂最好用当年生产的。⑤ 三证不全（农药登记号、生产批件号、执行标准号）或虚假的、无厂址、厂名及联系电话的农药不能使用。

（三）新疆棉田杂草的化学防除

1. 棉田封闭处理

由于地膜覆盖棉田杂草出苗快、时间短、出苗数量集中，这种出苗规律有利于覆膜前一次施药即可获得理想的除草效果。若不施药防治，杂草往往还能顶破地膜旺盛生长，危害更大。因此，地膜覆盖栽培必须与化学除草相结合。

在棉花播种前，选择表 2 列出的土壤处理除草剂品种，按照防除对象及使用要点进行机械喷施。

表 2　新疆棉田可选用的土壤处理除草剂

通用名	商品名	防除对象	使用要点
二甲戊灵	除草通 施田补	一年生杂草	一般在黏质土用推荐使用剂量的高限，在沙质土用低限，施药后浅混土；防除禾本科杂草比阔叶杂草效果好，在两者都较重发生的田块，可选用丙炔氟草胺·二甲戊灵、甲戊·扑草净、甲戊·异丙甲、甲戊·敌草隆、甲戊·乙草胺等混剂
氟乐灵	氟利克 茄科宁	一年生禾本科杂草及部分阔叶杂草	尽量傍晚施药，或喷药后立即耙地混土，以防光解

（续表）

通用名	商品名	防除对象	使用要点
扑草净	割草佳	一年生阔叶杂草	扑草净在土壤中易移动，沙质土地不宜使用；在禾本科和阔叶杂草均发生较重的棉田，可选用甲戊·扑草净、氟乐·扑草净、扑·乙、扑草·仲丁灵等混剂
乙氧氟草醚	果尔割地草	一年生杂草	施药要求均匀周到，施药量要准确；若已有5%棉苗出土，应停止用药，故慎用随水滴灌处理；可与甲草胺、氟乐灵、乙草胺、噁草酮等混用；若防除已出土杂草，要在杂草幼苗期进行茎叶喷雾处理
乙草胺	禾耐斯	一年生禾本科杂草及部分小粒种子阔叶杂草	目前市场上以复配制剂为主，防除对象扩大至一年生杂草
精异丙甲草胺	金都尔	一年生禾本科杂草及部分阔叶杂草	干旱不利于药效发挥，最好在土壤墒情较好时施用，若土壤过于干旱，则于施药后浅层混土2～3 cm，或适量加大用水量
噁草酮	农思它恶草灵	一年生杂草	施用时土壤要保持湿润，否则药效无法发挥；可选用噁草·丁草胺、噁酮·乙草胺、氧氟·噁草酮等混剂
敌草隆	地草净达有龙	一年生杂草	棉花出苗后，避免随水滴灌处理
仲丁灵	地乐胺比达宁	一年生禾本科杂草及部分阔叶杂草	可与乙草胺、扑草净、敌草隆等混用，扩大杀草谱，提高杀草效果

目前，新疆棉田常用的土壤处理除草剂仅能防除一年生杂草，对多年生杂草防效差，因此，一年生杂草发生较重的棉田，应更加重视播前土壤封闭处理。同时，施用除草剂时一定要严格按操作程序和施用剂量使用，不可随意加大用量，以免造成药害，影响棉花出苗。

值得注意的是，目前新疆棉农尝试性地在棉花苗期采用土壤处理除草剂随水滴灌的方式进行杂草防除，即在棉花灌头水时，将药液加适量水稀释，然后将药瓶置于引渠进水口，调好滴漏速度，让药液随水流入棉田；或者将除草剂加入施肥罐中随水肥一起滴灌入棉田。无论采取哪种随水滴灌的方式，常因不能很好掌握药量，或滴水不均匀，或遇低温、降雨等恶劣天气，导致除草剂药害发生或未能充分发挥除草剂药效的问题，因此，土壤处理除草剂随水滴施的方式应谨慎使用。

2.棉田茎叶处理

（1）茎叶喷雾处理。对于播种前未能及时封闭除草的田块，在杂草基本出齐，且仍处于幼苗期时定向喷施除草剂，可根据杂草发生种类、草龄及棉花生育期，选择使用表3列出的茎叶处理除草剂。

表3　新疆棉田可选用的茎叶处理除草剂

通用名	商品名	防除对象	使用要点
精噁唑禾草灵	威霸骠马	一年生禾本科杂草	选择性强，可在棉花任何生长期施药；最佳施药时期为杂草3～5叶期；杂草叶龄小、杂草生长旺盛、水分条件好时用药量低，杂草大、环境干旱时用高剂量
精吡氟禾草灵	精稳杀得	一年生禾本科杂草	
精喹禾灵	精禾草克	一年生禾本科杂草	
高效吡氟甲禾灵	高效盖草能	禾本科杂草	防除一年生禾本科杂草，最佳施药时期为杂草3～5叶期，杂草草龄较大或天气干旱时，须适当加大用药量；防除多年生禾本科杂草时，用推荐剂量的高剂量，并于第一次施药后1个月内再施药1次，可提高防效
喹禾糠酯	喷特尖巧	禾本科杂草	目前我国尚未在棉田登记，但前景广阔。防除一年生禾本科杂草使用推荐剂量的低剂量，防除多年生杂草使用推荐剂量的高剂量
氟磺胺草醚	虎威	阔叶杂草	当棉花株高达30 cm以上时，在棉花行间定向喷雾处理。应在无风或微风时使用，配备安全保护罩。对禾本科杂草无效，若禾本科杂草也较重发生时，可与高效吡氟甲禾灵、精喹禾灵、精噁唑禾草灵、精吡氟禾草灵等配合使用，提高除草效果。两者均尚未在我国棉田登记
三氟羧草醚	杂草焚	阔叶杂草	
三氟啶磺隆钠盐	英斧	阔叶杂草和莎草科杂草	棉花4～5叶期之前使用，安全性较高，若棉花5叶以后或株高20 cm以上时，应采取定向喷雾，避免喷施到棉花生长点。目前我国尚未在棉田登记
草甘膦	农达	杂草	在棉花行间对杂草进行低位定向喷雾，有条件的情况下，在喷头上加装定向防护罩，并使药液与棉株保持一定距离，严防药液喷到棉株上造成药害。对于多年生杂草可选用草甘膦制剂适当稀释后或直接涂抹杂草绿色部分
草铵膦	草丁膦保试达	杂草	草铵膦的杀草作用比草甘膦快，施药后2～3天即可见效。使用要点与草甘膦相同，但目前尚未在我国棉田登记

（2）药剂涂抹处理。对于棉田恶性杂草芦苇、田旋花、扁秆藨草等，可选用草甘膦或草铵膦等灭生性除草剂涂抹杂草的绿色部分，草甘膦和草铵膦的内吸传导性强，对多年生宿根性杂草地下茎的破坏力很强，可达到明显的防除效果。

3. 杂草抗药性的预防

伴随着除草剂的大量使用，杂草抗药性问题逐渐加剧。自20世纪70年代以来，全球抗药性杂草呈上升趋势，其分布范围也日益扩大。最新的国际抗性杂草调查结果显示，目前已在7个国家的棉田中发现了18种杂草的32种抗性生物型对6类化学除草剂产生了抗药性，其中，已报道 80 个抗性杂草种群，美国占 80%，而我国仅 1 例，这说明，抗药性杂草的发生与除草剂使用技术水平和应用强度密切相关。目前我国有关棉田抗性杂草的报道较少，但由于我国棉田使用的除草剂品种较少，杂草抗药性风险较多，比如，乙草胺作为内吸性酰胺类芽前土壤处理除草剂，由于其活性高、价位低，自 20 世纪 80 年代中期开始在我国棉田用于防除一年生禾本科杂草和部分阔叶杂草，防效显著。目前，棉田已登记使用 9 种复配除草剂品种中有 5 种含有乙草胺成分，2 种分别含有丁草胺和异丙甲草胺，三种有效成分均属于酰胺类除草剂，这些除草剂在棉田的长期大量使用，导致抗酰胺类除草剂的杂草生物型发生的可能性极大增加。土壤处理除草剂氟乐灵在新疆棉田也已使用近 40 年，同时国内棉田杂草抗药性研究的局限性掩盖了杂草抗药性问题。

（1）科学使用除草剂。应根据棉花生育期、棉田杂草种类、杂草草龄等综合判断，正确选择除草剂种类，并轮换使用杂草作用位点复杂、作用机制不同的除草剂，避免在同一区域、同一地块长期使用同类型或结构相近的除草剂。可选择无拮抗作用的、不同作用机制的除草剂混合使用，且按照一定的比例进行混配，避免、延缓和控制抗药性杂草的产生，降低抗性杂草的发生频率。在使用除草剂时，可合理使用增效剂（助剂），增加除草剂的吸收、运转效率，提高对杂草的防效。

（2）杂草早期治理。应尽量在杂草草龄较小时，一般为杂草 3 ～ 5 叶期，即杂草最脆弱最容易防除的阶段进行防除，提高杂草防除的成功率，降低茎叶处理除草剂的杂草防除压力。应选择不同作用机理的除草剂进行早期封闭处理。例如，同一田块不同年份应交替使用二甲戊灵、扑草净、敌草隆等土壤处理除草剂，可延缓除草剂抗药性的发展。

（3）杂草抗药性监测。开展田间、室内抗性试验、检测，摸清抗药性杂草分布、发生趋势，因地制宜制定杂草治理方案，科学治理抗药性杂草。

（4）综合防除措施。在使用化学除草剂进行杂草防除时，应结合使用翻耕、轮作、机械等除草方式，减缓杂草抗药性演化速度。翻耕、整地及覆盖，可将杂草种子埋至土壤深层，减少当季棉田杂草的萌发。

4.除草剂土壤残留问题

土壤处理除草剂氟乐灵在新疆棉田已使用近 40 年，亩用量为 100 mL，每年氟乐灵的使用量可达 800 t。据报道，80% 以上的氟乐灵在 60 天内降解，而少量的氟乐灵在土壤中残留可长达 2 年之久。加之新疆棉田连作现象普遍，导致除草剂在土壤中累积残留。如新疆博尔塔拉蒙古自治州 21 世纪初开始推广使用氟乐灵进行土壤封闭处理，因常年使用导致连作田块棉苗出现根部肿大等药害症状，故 2008 年该地区逐步淘汰氟乐灵。近年来，南疆一些老棉区即使低剂量使用氟乐灵，也会出现较为严重的药害现象，即棉花幼苗根部肿大，子叶厚黑，茎秆粗壮，生长停滞，严重时直接死苗，较轻时在棉花蕾期出现茎秆基部膨大中空，水分养分运输受阻，严重影响棉花产量和品质。因此，新疆一些棉区选用二甲戊灵替代氟乐灵，但其亩用量比氟乐灵多 50 mL 左右，使用成本增加的同时，土壤残留风险也增大。

四、新疆棉田几种恶性杂草的防治

（一）田旋花

对于多年生杂草来说，目前国际上最常用的防除方法是反复地进行机械翻耕处理和化学除草剂处理。然而，多年生杂草地下繁殖器官存在休眠现象，若在休眠期进行机械防除，切断的根或根状茎暂时不能萌发，待环境条件适宜时再生，又或在休眠期进行化学防除，化学除草剂的有效成分不能转移至地下营养繁殖器官，必然导致人力和物力的极大浪费。同时，田旋花的种子具有休眠特性，可在土壤种子库中存活几十年。再者，田旋花具有攀爬特性，易缠绕在作物上，其发达的根系又可穿越地膜、无纺布等农业生产中常用的物理除草材料。因此，繁殖器官的休眠特性、植株的攀爬特性及根系的极强再生能力等极大地增加了田旋花的防除难度。

常用的防除田旋花的茎叶处理除草剂有 2,4-D、麦草畏、毒莠定、咪唑烟酸、二氯喹啉酸、草甘膦、环丙嘧啶酸等，土壤处理除草剂有氟乐灵、精异丙甲草胺、甲磺草胺、丙炔氟草胺、磺酰磺隆等，但多数除草剂对棉花有药害，在棉田应谨慎使用。研究表明，采用氯氟吡氧乙酸或草甘膦定向喷雾，或者两者混用进行茎叶涂抹，可有效地防除棉田的田旋花；荒地田旋花的防除可用草甘膦、麦草畏等除草剂进行茎叶喷雾处理。蕾期至盛花期是田旋花防除的最佳时期，因为此时是田旋花根系代谢、同化物质向根系转移最旺盛的时期，有利于除草剂向根系传导，从而抑制再生苗的萌发，且植株对除草剂的传导性表现为麦草畏 >2,4-D > 草甘膦。

如果新开垦耕地田旋花危害较重，可先进行浅耕，使田旋花萌发生长，然后使用草甘膦或草铵膦进行茎叶喷雾处理，待棉花种植后，再进一步结合施用土壤处理除草剂、地膜覆盖等措施抑制田旋花的萌发和危害。

另外，当发现新的田旋花危害点时，应在杂草幼苗萌发后的 3～4 周（5 叶期之前）及时清除，避免形成发达的地下根系而造成长期危害；由于田旋花新产生的种子没有落粒性，应尽可能多的将发现的田旋花成熟种子带出农田，避免土壤种子库的输入，且人为带离农田的田旋花种子，应规范处理，不可随意丢弃，以免造成人为的传播。

（二）龙 葵

龙葵发生较重的棉田，可在棉花播种前采用扑草净、二甲戊灵等进行土壤封闭处理。因扑草净易对棉花造成药害，应严格按照推荐剂量使用，严禁超量使用，喷雾应均匀，做到不重不漏，封闭处理后不能破坏药膜层，否则影响药效；土壤墒情要好，若墒情不足，应加大施水量，一般亩用水量在 40 kg 以上；有机质含量低的沙质土地不宜使用；喷雾器具使用后用纯碱等碱性清洗剂进行浸泡清洗，以免再次使用时对作物产生药害。二甲戊灵对棉花的安全性较高，且可以有效控制棉田龙葵的危害，具有操作简单方便、减轻人工拔除成本等特点，是当前比较理想的一种棉田除草剂。除了扑草净、二甲戊灵等单剂，也可选用本章表 1

中列出的相应的复配制剂或与其他除草剂混用防治龙葵。

若前期封闭处理未能较好的防除龙葵，可以在杂草萌发初期，采用草甘膦、扑草净等茎叶处理除草剂进行定向喷雾处理，因这些除草剂若喷施到棉株上，均会对棉花造成药害，故必须做好防护措施，避免喷至或飘逸至棉株上；防除已出土的龙葵，也可采用三氟啶磺隆钠盐在大田进行机械非定向喷雾作业，但必须在杂草发生初期进行，且严格按照推荐剂量使用，不可随意加大用药量。

（三）芦苇

芦苇为多年生杂草，主要靠发达的根系进行营养繁殖，在棉田耕作过程中，根系被机械设备切断后，可萌发出新芽，这是芦苇快速扩散的主要方式；此外，芦苇也可通过种子繁殖。芦苇叶片和茎上均有蜡质层，具有防水、防渗的功能，导致除草剂吸收障碍，影响除草剂的防效。当芦苇叶片接触到除草剂后，其茎秆内会代谢出类似脱落酸的生长激素，使叶片迅速脱落，这样除草剂很难通过维管束传导至芦苇根部，芦苇茎秆经历短暂的发黄后，又从腋芽处长出新的枝叶。

对于芦苇发生危害严重，但数量较少，分布范围小的棉田，可采用草甘膦涂抹的方式防除芦苇；对于芦苇发生量大、分布范围广的棉田，可选用高效氟吡甲禾灵进行茎叶喷雾处理，在推荐剂量下使用对棉花安全，可使用大型拖拉机全田茎叶喷雾。针对芦苇的特性，实际应用时可选用配备专用油酸甲酯植物油助剂的高效氟吡甲禾灵进行喷雾处理，助剂可快速溶解芦苇表面的蜡质层，增加药剂展着渗透，减少药剂挥发，提高药效，同时适合新疆干旱天气条件使用，使用后可传导至芦苇根部，不易复发。

（四）扁秆藨草

扁秆藨草为多年生草本，可通过种子及块茎繁殖，由于其极强的繁殖能力，加之棉田膜下滴灌为扁秆藨草提供了湿暖的生态环境，部分棉田发生较重，严重影响了棉花苗期的营养吸收。

目前，新疆棉田常用的防除扁秆藨草的方法为人工涂抹草甘膦，但此方法费时费力，极大地增加了棉花生产成本。三氟啶磺隆钠盐是一种超高效磺酰脲类除草剂，可防治棉田大多数阔叶杂草和部分禾本科杂草，对莎草科杂草如扁秆藨草有特效，且对棉花的安全性要优于扑草净、草甘膦等新疆棉田常用的茎叶处理除草剂。有研究表明，将三氟啶磺隆钠盐与扑草净或精喹禾灵或嘧草硫醚等混用，可提高药剂对棉田杂草的防效，增加除草剂对杂草的选择性系数，增强对棉花的安全性。

若选用茎叶涂抹的方式防除扁秆藨草，建议使用草铵膦替代目前常用的草甘膦，可提高对杂草的防效，尤其是提高对扁秆藨草地下块茎的防除效果。

第四章

棉田除草剂安全使用技术

使用化学除草剂防治棉田杂草技术要求较高，使用不当不但起不到应有的除草效果，还会对棉花或下茬作物造成药害。因此，在选择除草剂的时候，首先，应该综合考虑棉花品种、杂草群落组成、棉花生育期、栽培制度、耕作方式、除草剂杀草谱及药效持续时间等因素。其次，注意使用的时期、剂量及方法，根据土壤类型及天气情况正确地使用除草剂。最后，应注重具有不同杀草谱、作用机理互补的除草剂的合理混用，以扩大杀草谱，延长持效期，增强除草活性和提高防除效果，同时可以避免因长期使用单一的除草剂使杂草产生抗药性。

虽然化学除草剂的广泛应用大大提高了棉花的生产效率，已成为棉田生产必不可少的技术要素，但也给人类的生存环境带来了一些负面影响，主要表现在长残留除草剂对后茬敏感作物的危害，以及对土壤和地下水的污染；由于施药不当或蒸发作用导致化学除草剂进入大气，造成大气污染；除草剂生产、运输、使用过程中产生的废水、包装物等处理不当造成的水源污染等。因此，在应用化学除草剂时，不仅要考虑其除草效果，同时也应该考虑其对作物和生态环境的影响。因地制宜，合理地使用化学除草剂在棉花生产中起着至关重要的作用。

一、影响除草剂药效或造成药害的因素

影响除草剂的除草效果或造成作物药害的因素很多，有除草剂本身的内在因素，有应用剂量、应用时期、应用方法、喷雾质量等应用技术问题，有环境条件不适等自然因素等。

（一）药剂原因

1.除草剂种类选择不当

各种除草剂都有相应的杀草谱和适用环境，不根据杂草种类及农田的具体情况选择除草剂，会使所选用的除草剂品种无能为力或无法发挥其除草能力。

2.除草剂质量不合格

各种除草剂都有相应的质量标准，其中最主要的是有效成分含量、杂质种类及其含量、分散性、乳化性、稳定性等都直接影响药效和药害问题。由于农药质量问题而造成的药效和药害问题，生产者和经营者都有责任。

（二）施药技术

1.用药剂量问题

造成用药量不对的原因有几方面：一是农民的主观行为，总是怀疑用药量低了除草效果不好，将用药量增加至极限以上，一旦环境条件有利于药效发挥，出现药害是不可避免的。二是农药厂为了说明其产品成本低，以适应农民购买能力低这一客观事实，在说明书上推荐的剂量很低，不能够保证除草效果。三是农民耕地面积不准，导致额定用药量与实际耕地面积不符。四是喷洒不均匀，重喷药量高，漏喷药量低，特别是用多喷嘴喷雾器时，各个喷头的喷液量不同直接导致喷洒不均匀。

2.用药时期不当

茎叶处理剂在杂草出苗后越早用药效果越好,土壤处理剂在杂草出苗前用药越晚效果越好,但作物出现药害的可能性也越大。

3.用药方法错误

不同类型的除草剂杀草原理存在较大差异,若将土壤处理剂作为茎叶处理除草剂使用,多数会产生药害,少数会效果不佳;若用茎叶处理除草剂进行土壤封闭处理,多数会无效,而出现药害的可能性很小。

4.混用不合理

将两种或多种除草剂混用,最主要的目的在于扩大杀草谱和提高药效,但混用如果产生拮抗作用,药效就会降低,甚至混配组合中的某个有效成分一点药效都没有,如2,4-D丁酯与禾草灵混用后,禾草灵一点药效也没有。

5.稀释药剂的水量和水质问题

土壤处理时兑水量对除草效果影响不大,而茎叶处理剂兑水量太大除草效果降低,原因是助剂的浓度降低,如草甘膦兑水量大时药效降低。另外水的质量对除草剂药效发挥也有影响,碱性水、浑水、高硬度水都会降低某些除草剂的药效,如碱性水会降低绝大多数茎叶处理剂的药效,浑水、硬水会降低草甘膦的药效等。

(三)环境因素

除草剂药效的发挥受环境条件的影响较大,如土壤有机质含量低于2%的沙质土壤,封闭处理易出现药害,高于5%药效很低;封闭处理剂用药后降大雨出现药害的可能性大,而茎叶处理后遇降雨则需重喷;持续低温将降低除草剂的除草效果,同时出现药害的可能性也增大;土壤干旱时,封闭处理剂药效降低,甚至无效;三级以上有风天施药,无法保证喷施均匀,药效降低,甚至出现飘逸药害;整地质量不好封闭处理效果不佳。

二、除草剂药害种类

(一)按产生原因分类

1.技术性药害

由于除草剂使用技术不当而造成的药害。与杀虫剂和杀菌剂的使用相比,除草剂的使用技术要求更高、更严格,稍有不慎或疏忽就会使作物产生药害。在我国,由于农民的水平普遍不高,除草剂技术性药害的发生较为普遍,一般常由施药剂量、施药时期、除草剂混用、施药器械等方面使用或选用不当造成。关于施药量,大多数的农户在用药时,由于没有专门的计量工具,常有意无意或私自增加药剂用量,认为"浓度越高,效果越好"。其实不然,每种除草剂都有规定的用量和浓度,也就是说每种除草剂都有一定的用量范围,在此范围内对作物安全，超过此范围便容易产生药害，特别是在应用超高效除草剂以及遇到低温、多雨的气候条件时，或在作物幼苗期，药害现象更普遍。关于除草剂的施药时期，除草剂对作物安全也是有一定的适期，如三氟啶磺隆钠盐在棉花 4 ~ 5 叶期之后使用易造成不同程度的药害。关于除草剂的混用，除草剂科学混用可以扩大杀草谱，兼治多种杂草，提高除草效果，节省用药，具有省工、省时、省成本等优点。但如果盲目混用，不但无增效作用，反而会使药效降低，甚至造成药害。关于施药器械，在我国新疆南疆的少数民族植棉区，施药器械仍停留在比较原始的阶段，且存在用同一套喷雾器械喷施各类农药的现象，虽然新疆地方及兵团的大型农场、合作社及植棉大户已配备有大型施药机械，但绝大多数施药机械为人为改装的，多存在药液滴漏的现象。总的来说，施药技术欠缺导致的除草剂药害是当前药害发生的主要原因。

2. 残留性药害

某些除草剂被使用后，残留在土壤中的效用长达 1 年以上，易使敏感性后茬作物遭受不同程度的药害。此类药害常发生在轮作倒茬田，如前茬作物玉米田中使用过烟嘧磺隆，应至少间隔 12 个月后再改种棉花；如前茬小麦田中使用了含有甲磺隆（农业农村部公告第 2032 号，已禁止在国内销售和使用）的除草剂，下茬若种植棉花、玉米、大豆、花生等，极易发生残留药害。

3. 漂移性药害

部分除草剂飘移性较大，在目标作物田使用时，极易飘移到邻近敏感作物上，产生飘移药害。飘移药害最常见的是 2,4-D 丁酯及其混剂，在使用时除草剂雾滴可飘至 1 000 m 以外的距离，在玉米田中使用，邻近的敏感农作物棉花、大豆、葵花、西葫芦等极易发生药害。而对于某些灭生性除草剂（如草甘膦）雾滴本身飘移性不强，常规喷药一般不会飘移到邻近作物上，但是在遇到有风的天气条件下极容易随风飘移到邻近作物上，使其受害，且这种情况下的药害往往是无法逆转和弥补的，造成的损失较大。

4. 条件性药害

温度、相对湿度、风、光照、降水等气候条件对除草剂药效均有影响，在使用除草剂后，遇到异常气候，如低温、暴雨等可能导致药害发生。在正常的气候条件下，乙草胺对棉花安全，但施用乙草胺后遇暴雨，则棉花极易遭受药害。

5. 质量性药害

使用假冒伪劣除草剂造成的药害。凡是以非农药冒充农药或以此种农药冒充他种农药的、所含有效成分的种类和名称与产品标签或说明书上注明的农药有效成分的种类和名称不符的、未经登记的、无三证的、过期的、标签不清的除草剂，均为假冒伪劣产品。在农药市场混乱的情形下，有一部分不法厂商或经销商将一些假冒伪劣产品推向市场，严重扰乱农药市场正常的经营秩序，而不少农民为了方便和贪图便宜，购买、使用此类除草剂，轻则达不到好的除草效果，重则就会发生无法弥补的作物药害。

（二）按症状分类

1. 显性药害

由触杀型除草剂引起的药害，药害症状明显，容易辨认，常在高温条件下表现为作物叶片有灼烧斑，叶片焦枯，不传导，一般不影响作物生长，对产量和品质影响较小；但在作物病害严重，或受不良环境影响时，作物药害严重，有的难以恢复，或贪青晚熟而减产，在病害发生严重时也可造成绝产。

2. 隐性药害

由内吸传导型除草剂引起的药害，药害症状在施药后短时间内不明显，需要经过相当长的时间才能表现。在低温条件下，表现为抑制作物生长，叶片浓绿，遇高温时陡长，造成贪青晚熟，对作物产量和品质影响明显，通常表现在土壤封闭处理除草剂和激素类除草剂。药害在新叶及生长点发生，轻则影响生长，重则导致绝产。

除此之外，根据作物对药害反应的时间，可将药害分为急性药害和慢性药害；根据作物受药害的程度，可将药害分为严重药害、中等药害和轻度药害等。

三、除草剂药害症状

（一）苗期药害症状

1. 叶片枯斑

棉花幼苗期，使用土壤处理除草剂（金都尔、扑草净、乙草胺等）进行封闭除草处理时，若用药量较大，药液喷溅到棉花幼苗上，会造成叶片部分组织或细胞坏死，叶缘及叶片上出现圆形或不规则枯斑。

2. 叶片褪绿

多数除草剂（仲丁灵、扑草净、二甲戊灵、三氟啶磺隆钠盐、草甘膦、烟嘧磺隆、双氟磺草胺等）喷到棉花幼苗上，会造成叶绿体崩溃，叶绿素分解、叶色褪淡、发黄或发白。褪绿症状可发生在叶缘、叶尖、叶脉间或叶脉及其近缘，也可能全叶褪绿。

3. 叶片皱缩

有些除草剂（仲丁灵、乙氧氟草醚、嘧草硫醚等）喷到棉花幼苗上，会造成棉花嫩叶或新生叶皱缩，造成叶片变小、叶肉增厚，或呈革质，同时叶色发生改变。

4. 叶片脱落

用草甘膦、百草枯等灭生性茎叶处理除草剂在棉花行间进行定向喷雾时，若药液飘洒到棉花上，往往会造成叶片枯萎、脱落；在棉花幼苗期，相邻玉米地若喷施莠去津、氯氟吡氧乙酸等除草剂时，若药剂飘落到棉田，也可导致棉株叶片焦枯、脱落，最终死亡。

5. 畸形

在棉花幼苗期，相邻玉米地若喷施 2,4-D 丁酯、二甲四氯钠、氯氟吡氧乙酸等内吸传导型或挥发性较强除草剂时，若药剂飘落到棉田，可导致棉株叶柄卷曲畸形，棉花嫩叶和新生叶皱缩变小，呈鸡爪状，甚至呈现柳条形；若浓度过大，最终可导致棉株枯萎死亡。

6. 生长点坏死

绝大多数除草剂，如果施药量过大，往往会导致棉花主茎或果枝的生长点坏死，棉株停止生长，如草甘膦、百草枯、乙氧氟草醚、乙羧氟草醚等。

（二）成株期药害症状

1. 植株矮小

棉花成株期，若产生除草剂药害后，除了会出现上述苗期的各种药害症状外，茎枝的形态变化也较为明显，主要表现在主茎变矮，果枝缩短，果枝和果节的节间距缩短，植株矮小。

2. 蕾铃脱落

棉花进入现蕾期以后，用草甘膦等灭生性的除草剂作行间定向喷雾时，若药液喷到棉株上，在棉叶枯死脱落的同时，也会造成蕾、花、铃的大量脱落；2,4-D、二甲四氯钠等激素类除草剂喷到棉花上，不仅造成叶片畸形，蕾、花、铃也会出现畸形，例如，苞叶狭长呈丝状，花柄变长，铃变小、形状不规则。

（三）新疆常见除草剂药害实例

2019 年，玛纳斯县一棉农播前使用二甲戊灵和丙炔氟草胺复配制剂进行了土壤封闭处理，棉花苗期遭遇低温多雨天气，棉苗出现子叶枯斑，新生叶发黄，生长缓慢等药害症状，至 6 月中旬棉株仍未现蕾，严重影响了棉花的产量；奎屯市一农户于棉花 5 ~ 8 叶期使用乙氧氟草醚随水滴灌防除田间杂草，施药后遭遇强降雨天气，雨水喷溅将除草剂药液溅至棉苗上，2 天后棉苗出现叶片焦枯等严重的药害症状，近千亩棉田几近绝收。上述均属于条件性药害。

乌苏市哈图布呼镇一棉农在棉花田边行种植了少量玉米，使用 2,4-D 丁酯防除玉米田杂草后，未及时清洗喷雾器，随后使用同一喷雾器在棉田喷施除草剂防除杂草，导致近 100 亩棉田棉株叶柄卷曲畸形，棉花顶部嫩叶和新生叶皱缩变小，呈鸡爪状，甚至呈现柳条形；当棉田使用草甘膦等灭生性除草剂防除杂草时，稍不注意就会使药液喷溅到棉株上，造成叶片枯斑点，上述均属于飘逸性和技术性药害。

除了使用除草剂不当直接导致的药害外，棉农在生产过程中也常遇到非除草剂造成的药害问题。因棉农对市场上种类繁多的农药功能不甚了解，常常出现用错药而导致药害发生，如将乙烯利、脱叶剂等当做杀虫剂使用，这种情况往往会对棉花的生长造成毁灭性破坏；新疆棉花"矮密早膜"的种植模式，使得缩节胺（甲哌鎓）的使用次数较多，而个别商家为了谋取暴利，坑农害农，打着缩节胺的名字掺着矮壮素的成分，使用后导致棉花上部叶片叶色变深，节间变短，棉株生长延缓。

四、除草剂药害预防与补救

（一）预防措施

针对上述药害产生的原因，为了有效避免药害的产生，应做到以下几点。

1. 正确选用除草剂

棉田化学除草，必须根据棉花的种植方式、生育期、棉株长势、杂草的种类和大小，及气候、土壤条件等正确选择除草剂。例如，在棉花出苗后，应使用选择性较强、对棉花较为安全的除草剂；在沙土地区、雨水较多的情况下，不宜使用淋溶性较好、棉花较敏感的除草剂。同时，应选择质量可靠的除草剂。

2. 正确使用除草剂

多数除草剂对使用条件和操作技术都有严格的要求，包括用药量、稀释倍数、施药器械等。例如，粉剂类型的除草剂在稀释时应采取二次稀释法，即先用少量水调成糊状，然后再加足量水搅拌均匀；在棉花苗后喷施广谱灭生性的除草剂时，应安装保护罩，并采取低位喷雾；在异常天气条件下避免施用除草剂。

（二）补救措施

除草剂药害一旦发生，对药害的救治关键在于早发现、早处置。首先要确认是否是除草剂造成的药害，在确认为除草剂药害后，应由除草剂直接使用者详细提供施药时间、施药种类、施药剂量、施药方法和施药时的环境条件，根据所收集到的资料，整理分析发生药害的原因，及时有针对性地采取补救措施，以最大限度地减少损失。一般情况下，如果作物的药害发生十分严重，估计最终产量损失 60% 以上，甚至绝产的地块，应立即改种其他适当的作物，以免延误农时、导致更大的损失；而对于药害较轻的地块，则可有针对性地采取补救措施。从新疆棉田常见除草剂药害的发生情况来看，比较有效的有以下措施。但是这些事后补救措施只是能在一定程度上缓解症状、减少损失，很难恢复到受害以前的作物生长状态和最终产量。

（1）激素类除草剂对棉花造成的药害，如二甲四氯钠、2,4-D 丁酯等，可喷施赤霉素或撒石灰、草木灰、活性炭等进行缓解。

（2）触杀型除草剂对棉花造成的药害，如草甘膦等，药害初期，可施速效肥料使棉花迅速得到所需的营养，促进新的叶片及蕾、花铃的生长，增加单株结铃数和铃重，将药害所造成的损失降至最低。

（3）土壤封闭处理引起的药害，药害发生初期可立即排换田水，以后采用间歇排灌等措施，可缓解或减轻药害。另外，施用适当的解毒剂，一定程度上可以控制药害的发展，降低产量损失，如吲哚乙酸和激动素可减轻氟乐灵对棉花次生根的抑制作用。

一般在棉花发生药害后，应适当喷施植物生长促进剂或叶面肥，同时做好中耕松土、病虫防治等工作，充分利用棉花较强的自我调节和补偿能力，使棉花尽快恢复生长。

（三）加强除草剂药害解除技术研究

由于新疆棉田除草剂的大量使用，除草剂药害问题日益突出，因此，除草剂药害解除技术的研发迫在眉睫。除草剂安全剂可以通过调节作物中酶的活性，改善作物对除草剂的耐受性，从而在不影响除草剂对靶标杂草活性的前提下有选择地保护作物免遭除草剂药害。目前，国际上已商业化的除草剂安全剂有 20 余种，但适用于棉田除草剂的安全剂少见报道，目前，市面上推广的以植物生长调节剂为主要成分的除草剂解毒剂有德国的碧护，主要用于药害发生后的补救措施。河南奈安生态治理有限公司推出的奈安，是国内唯一的广谱性除草安全剂，但目前应用面积较小。因此，研究棉田常用除草剂的药害解毒剂或安全剂具有重要的意义。

参考文献

陈宜，陈前武，2014.江西棉田常见杂草图谱识别与防治［M］.南昌：江西科学技术出版社.

崔建平，田立文，林涛，等，2011.膜下滴灌棉田杂草群落组成及特点的初步研究——以阿瓦提为例［J］.
　　新疆农业科学，48（5）：799-803.

冯琦，2016.石河子垦区滴灌棉田杂草的种类调查与防治［D］.石河子：石河子大学.

李洁，宗涛，刘祥英，等，2014.湖南省部分地区棉田牛筋草（Eleusine indica）对高效氟吡甲禾灵的抗药性
　　［J］.棉花学报，26（3）：279-282.

马小艳，马艳，彭军，等，2010.我国棉田杂草研究现状与发展趋势［J］.棉花学报，22（4）：372-380.

强胜，2008.杂草学第二版［M］.北京：中国农业出版社.

赛丽蔓·马木提，古海尔·买买提，2014.3种除草剂防治新疆博乐棉田杂草效果［J］.中国棉花，41（6）：
　　34-35.

王疏，董海，2008.北方农田杂草及防除［M］.沈阳：沈阳出版社.

王颖，2019.新疆棉田恶性杂草田旋花的种子繁殖特性及除草剂筛选［D］.阿拉尔：塔里木大学.

王玉颖，赵庆军，2014.除草剂药害产生的原因及对策［J］.现代化农业，421（8）：5-6.

魏建华，张建云，马冬梅，2016.新疆昌吉州棉田杂草发生演替规律调查研究［J］.中国棉花，43（1）：
　　31-33.

杨浩娜，柏连阳，2014.棉田反枝苋和马齿苋对草甘膦的抗药性［J］.棉花学报，26（6）：492-498.

杨玉萍，买买提力·热不都拉，2019.新疆精河县棉花药害发生原因及对策［J］.农业工程技术，39（17）：26.

赵强，张特，阿则热姆·买买提，2019.三氟啶磺隆钠盐与扑草净混配的联合作用及混用配方筛选［J］.中
　　国农业科技导报，21（3）：62-68.

HEAP I, (2020-3-31). The international survey of herbicide resistant weeds[EB/OL]. Internet. Saturday, March, 31.
　　http://www.weedscience.org.

USDA-AMS，(2020-3-31). Cotton varieties planted-United States 2019 crop [EB/OL]. http://www.ams.usda.gov/
　　cotton/.

ZIMDAHL R L, 2007. Fundamentals of weed science[M]. 3rd Edition, Burlington, USA: Academic Press.